滨州市
水利工程质量安全监督
工作手册

滨州市城乡水务发展服务中心

山东金至工程咨询有限公司 著

中国水利水电出版社

www.waterpub.com.cn

·北京·

内 容 简 介

本手册根据国家、山东省、滨州市有关水利工程建设质量安全监督管理的规定编著而成，结合滨州市水利工程建设实践，具体阐述了质量安全监督工作全流程管理环节，对工作重点内容进行了深入解读分析，具有很强的针对性和可操作性。

本手册可供水利建设质量安全监督机构参考使用，也可作为水利建设质量安全管理相关人员的参考用书。

图书在版编目（CIP）数据

滨州市水利工程质量安全监督工作手册 / 滨州市城乡水务发展服务中心，山东金至工程咨询有限公司著.
北京 ： 中国水利水电出版社，2024. 6. -- ISBN 978-7-5226-2370-2

Ⅰ. TV512

中国国家版本馆CIP数据核字第2024CY8858号

书 名	滨州市水利工程质量安全监督工作手册 BINZHOU SHI SHUILI GONGCHENG ZHILIANG ANQUAN JIANDU GONGZUO SHOUCE
作 者	滨州市城乡水务发展服务中心 著 山东金至工程咨询有限公司
出版发行	中国水利水电出版社 （北京市海淀区玉渊潭南路1号D座　100038） 网址：www. waterpub. com. cn E - mail：sales@mwr. gov. cn 电话：(010) 68545888（营销中心）
经 售	北京科水图书销售有限公司 电话：(010) 68545874、63202643 全国各地新华书店和相关出版物销售网点
排 版	中国水利水电出版社微机排版中心
印 刷	天津嘉恒印务有限公司
规 格	184mm×260mm　16开本　9.25印张　166千字
版 次	2024年6月第1版　2024年6月第1次印刷
印 数	001—800册
定 价	**56.00元**

编　委　会

序

水利工程功在当代、利在千秋。水利工程高质量建设，事关战略全局，事关长远发展，事关人民福祉。由水利工程质量安全监督"保驾护航"，水利工程才能行稳致远。

近年来，水利基础设施建设规模不断提升，仅 2020 年一年，滨州市就实施了 147 项重点水利工程，完成投资 110 亿元。水利工程的大规模建设，进一步筑牢了防洪减灾屏障，有效降低了台风、超标准雨洪水、干旱对人民群众生命财产的威胁。进入"十四五"以来，滨州市持续推进现代水网建设，积极构建"一轴三纵、湖库棋布、两域八横、河海连通"的水网骨架，为建设更高水平富强滨州提供了坚实水利支撑。

质量安全是工程建设的生命线，围绕"水利工程补短板，水利行业强监管"总基调，做好水利工程建设质量安全监管工作，既是落实质量强国、质量强省、质量强市的必然要求，也是水行政主管部门履职尽责的应有之义。

为确保水利工程质量安全，有效指导水利工程建设质量安全监督工作，规范水利建设市场管理，由滨州市城乡水务发展服务中心、山东金至工程咨询有限公司牵头撰写了《滨州市水利工程质量安全监督工作手册》，内容贯穿水利工程质量安全监督全流程，结合水利工程建设实际，对工程施工准备、建设实施及工程验收各阶段的工作内容进行了系统说明和规范统一。

本书撰写过程中，广泛征求了各县（市、区）和相关单位水利工程建设质量安全管理专家意见；得到了省水利厅的大力支持，有关领导对本书编制提供了宝贵建议，在此表示衷心的感谢和崇高的敬意。

由于时间仓促，再加上编者能力有限，书中疏漏在所难免，读者在学习使用过程中如有修改意见和建议，欢迎随时批评指正，以便进一步修改完善。

编者

2023 年 7 月

目　录

第1章 前 言

1.1 编制目的和依据

为加强全市水利工程质量安全监督工作，规范水利工程质量安全监督行为，提高水利工程建设质量安全管理水平，根据《建设工程质量管理条例》（国务院令第 279 号）、《建设工程安全生产管理条例》（国务院令第 393 号）、《水利工程质量管理规定》（水利部令第 52 号）、《水利工程建设安全生产管理规定》（水利部令第 26 号）、《水利部关于印发〈水利工程建设质量与安全生产监督检查办法（试行）〉和〈水利工程合同监督检查办法（试行）〉两个办法的通知》（水监督〔2019〕139 号）、《水利建设工程质量监督工作清单》（办监督〔2019〕211 号）、《山东省水利工程建设管理办法》（鲁水规字〔2021〕6 号）等法律法规、规章和文件精神，制订本工作手册。

1.2 适用范围

本工作手册适用于本市行政区域内使用国有资金的水利工程基本建设项目（包括新建、扩建、改建、加固、维修及技术改造项目等）的质量安全监督工作，其他水利工程可参照执行。

1.3 监督责任界定

根据《滨州市城乡水务局关于进一步明确全市水利工程建设质量与安全监督责任的通知》（滨水建字〔2019〕12 号）明确的"分级管理、分工合作、全面覆盖"基本原则，滨州市明确了水利工程质量安全监督管理事权责任划分。

滨州市城乡水务局负责对全市水利工程建设质量安全监督工作实施行业管理，直接负责对由市政府、市城乡水务局组建项目法人或市直属（局直属）单位直接实施的水利工程质量安全监督管理工作；县级水行政主管部门直接负责本行政区域内除省、市直接监督以外的水利工程质量安全监督管理工作；对于部分县级实施的重大水利工程，省水利厅、市城乡水务局认为有必要提升监督层级的，可与县级水利工程质量安全监督机构实施联合监督。

1.4　监督形式

水利工程实行政府质量安全监督管理制度。水利工程质量安全监督管理的具体工作，一般由县级以上人民政府水行政主管部门设立的专职水利工程质量安全监督机构实行。对不具备设立专职监督机构条件的，可采取水行政主管部门监督、购买服务或其他方式开展相应质量安全监督工作。质量安全监督机构不得与项目法人单位同体。质量安全监督机构对工程建设质量安全履行政府监督职能，不代替项目法人、勘察、设计、监理、施工、设备供应、质量检测等质量责任主体的质量管理工作，不参与参建各方的具体质量管理活动。

水利工程质量监督机构人员工资等基本支出和专项经费等费用，由同级财政预算予以保障。

第2章 基 本 规 定

2.1 水利工程质量安全监督主要依据

（1）国家、行业有关工程质量安全管理的法律、法规和规章制度。

（2）国家、行业有关技术标准和工程建设强制性标准。

（3）工程的批复文件、施工图纸、合同及其他相关文件等。

2.2 质量安全监督的主要内容

按照工作职责和工作方式划分，监督工作内容可分为程序性工作和以抽查为主的监督检查工作两部分。

质量安全监督程序性工作一般包括以下内容。

（1）办理质量安全监督手续，设立项目站并制订质量安全监督计划。

（2）对项目法人报送的项目划分确认。

（3）对工程枢纽工程水工建筑物外观质量评定标准确认、对规程中未列出的外观质量评定标准及标准分核备、对临时工程质量检验及评定表核备、对《单元工程评定标准》中未涉及的单元工程质量评定标准予以批准。

（4）对第三方检测方案备案、对竣工验收工程质量抽样检测方案（如有时）审核。

（5）保证安全生产措施方案备案，重大事故隐患治理方案备案，重大危险源辨识和安全评估结果备案，安全生产事故应急救援预案、专项应急预案备案。

（6）拆除工程或爆破工程相关资料备案。

（7）接受项目法人提报的施工质量安全情况月报。

（8）对重要隐蔽（关键部位）单元工程质量、分部工程验收质量结论、单位工程外观质量评定结论、单位工程验收质量结论、工程项目质量结论等进行核备，质量缺陷进行备案。

（9）重大事故隐患治理情况进行验证和效果评估结果备案。

（10）列席项目法人验收。

（11）参加政府验收并提报质量安全监督工作报告。

质量安全监督程序性工作及时间节点具体可参见附录 A.1。

监督检查以抽查为主，各级质量安全监督机构根据工程规模和监督能力，可通过购买技术服务、设常驻站、巡查检查的方式开展检查活动，具体可参见附录 A.2。

2.3　质量安全监督机构权限

（1）进入被监督工程施工现场进行监督检查，要求各参建单位提供有关工程质量安全的文件和资料。

（2）对违反法律法规、技术标准、工程建设强制性标准的各参建单位，要求采取纠正措施，并限期整改；对质量安全有严重缺陷隐患时，可责令停工、整顿，并向水行政主管部门报告；对质量责任主体违法、违规行为按规定进行处理，视情况实施行政处罚或提出处罚建议，并依据《水利建设市场主体信用信息管理办法》《山东省水利建设市场主体信用信息管理办法》《山东省水利建设市场主体不良行为动态评价办法》记入相应市场主体信用记录。

（3）提请有关部门奖励先进质量安全管理单位及个人。

2.4　质量安全监督期

质量安全监督期自质量安全监督机构签署质量安全监督书之日起，至工程通过竣工验收之日（含合同质量保修期）止。

2.5　质量监督人员要求

（1）项目站负责人及质量等级核备人员，应具有相应工作资历。

（2）坚持原则，秉公办事，认真执法，责任心强。

（3）质量监督人员不得在受监项目的项目法人单位中任职。

（4）熟悉国家工程建设质量管理的法律、法规、方针和政策，国家及行业的有关技术标准、规程和规范。

第3章 水利工程项目初期监督工作

3.1 监督手续办理

3.1.1 申报材料

水利工程项目法人单位应于工程开工前办理质量安全监督手续，与质量监督机构签订质量监督书。办理质量监督手续时，应提交以下资料。

（1）水利工程建设质量安全监督申请书（见附录 B.1）。

（2）项目法人单位设立文件、工程建设审批文件（初步设计/实施方案批复）。

（3）项目法人与代建、监理、设计、施工（含设备供应）、第三方检测等单位签订的合同副本。

（4）水利工程建设质量安全监督备案登记表（见附录 B.2）。

（5）水利工程参建单位项目负责人的法定代表人授权书及工程质量终身责任承诺书（见附录 B.3）。

（6）危险性较大的单项工程清单和安全生产管理措施（见附录 B.4）。

（7）拟签订水利工程建设质量安全监督书初稿（见附录 B.5）。

3.1.2 办理流程

（1）申请人提交相关材料。

（2）水利工程建设质量与安全监督机构收到申请后，对质量安全监督申请材料是否符合要求进行审核，符合条件的，予以审核通过。

（3）质量安全监督机构与项目法人单位联合签订《水利工程建设质量安全监督书》。

建设过程中，建设内容、参建单位及主要负责人等变化时，应及时向质量安全监督机构报备相关情况并附相应材料。

3.2　项目站组建及监督计划

3.2.1　项目站组建形式

大型水利工程应建立质量安全监督项目站，中小型水利工程可根据需要建立质量安全监督项目站或进行巡回监督。项目站组建要求如下。

（1）项目站实行站长负责制，质量监督人员不少于 3 人，监督站成员不得与工程各参建单位有工作或利益关系。

（2）监督人员需要熟悉水利工程质量安全管理相关法律法规、规范标准，一般宜具备水利工程或相应专业中级以上职称，或具备同等专业技术水平。

（3）由两级及以上质量监督机构共同监督的水利工程，各方应共同组建质量监督项目站，签订工作协议或采取其他方式，应明确监督责任主体、质量监督职责与分工。

（4）进行监督检查工作时组建检查组，按照检查工作需要配备工作人员，一般不少于 3 人，必要时可采取聘请专家、聘请第三方机构（不得与工程参建单位存在利益关系）等方式开展监督工作。

3.2.2　监督计划内容

质量监督机构根据工程建设内容，明确具体项目质量监督工作的计划与方式，编制工程质量安全监督工作计划，跨年度工程需分别编制监督工作总计划和年度计划。印发后如遇工程建设内容或建设计划调整，要及时调整质量监督计划并告知有关单位。主要包括以下内容。

（1）工程基本情况。

（2）编制依据。

（3）监督期限。

（4）监督工作目标。

（5）监督工作方式。

（6）监督的具体内容（包括早期工作的监督、施工过程的监督、工程验收的监督、工程质量的核备等，体现以抽查或驻点监督为主的工作原则，提出监督重点）。

（7）监督到位计划。

（8）其他需要说明的内容。

3.2.3　主要程序

质量安全监督手续办理后，质量监督机构及时组建工程质量监督项目站，明确项目站组成成员，并制订监督工作计划，一般监督项目站组建文件与监督工作计划（见附录 C 附件）一并下发。

3.3　监督交底

工程开工初期，项目法人应于工程第一次工地会议对工程各参建单位主要现场管理人员开展一次全面的现场质量管理培训，并提前邀请质量安全监督机构参加，质量安全监督机构应在工程第一次工地会议上进行工程质量安全监督交底，及时将监督事项（监督机构组成、监督权限、监督方式、监督主要内容，对参建单位配合监督工作的有关要求等）告知参建单位（告知书格式见附录 D.1）。有关会议影像资料、人员签到表、会议纪要于培训会议结束后由项目法人单位报送质量监督机构（交底记录格式见附录 D.2）。

3.4　确认项目划分

3.4.1　项目划分原则

水利水电工程项目划分应结合批复设计文件、工程结构特点、施工组织设计及施工合同要求进行，划分结果应涵盖所有建设内容，有利于保证施工质量、施工质量管理以及验收时工程质量评定。

项目按级划分为单位工程、分部工程、单元（工序）工程等三级。工程中永久性房屋（管理设施用房）、专用公路、专用铁路等工程项目，可按相关行业标准划分和确定项目名称。

分部工程和单位工程划分原则参照《水利水电工程施工质量检验与评定规程》（SL 176—2007）的规定；单元工程划分原则参照《水利水电工程单元工程施工质量验收评定标准》（SL 631—2012～SL 639—2012）的规定执行；同一单位工程各分部工程工程量不宜相差太大；工程项目划分应明确主要隐蔽（关键部位）单元工程和主要分部工程、主要单位工程。

项目划分有以下主要原则。

（1）水利水电工程项目划分应结合工程结构特点、施工部署及施工合同要求进行，划分结果应有利于保证施工质量以及施工质量管理。

（2）单位工程项目的划分应按下列原则确定。

1）枢纽工程，一般以每座独立的建筑物为一个单位工程。当工程规模大时，可将一个建筑物中具有独立施工条件的一部分划分为一个单位工程。

2）堤防工程，按招标标段或工程结构划分单位工程。规模较大的交叉连接建筑物及管理设施以每座独立的建筑物为一个单位工程。

3）引水（渠道）工程，按招标标段或工程结构划分单位工程。大、中型引水（渠道）建筑物以每座独立的建筑物为一个单位工程。

4）除险加固工程，按招标标段或加固内容，并结合工程量划分单位工程。

5）永久性房屋（管理设施用房），具备独立施工条件并能形成独立使用功能的建筑物及构筑物为一个单位工程，规模较大时可将其能形成独立使用功能的部分划分为一个子单位工程。

6）专用公路、专用铁路，按具有独立施工条件的工程划分一个单位工程。

7）水土保持工程项目划分按《水土保持工程质量评定规程》（SL 336—2006）执行，应纳入主体工程，单独进行质量评定，作为水土保持设施竣工验收的重要依据。

8）临时性环境保护工程不纳入项目划分，应按专项验收相关要求完善过程资料。

（3）分部工程项目的划分应按下列原则确定。

1）枢纽工程，土建部分按设计的主要组成部分划分。金属结构及启闭机安装工程和机电设备安装工程按组合功能划分。

2）堤防工程，按长度或功能划分。

3）引水（渠道）工程中的河（渠）道按施工部署或长度划分。大、中型建筑物按工程结构主要组成部分划分。

4）除险加固工程，按加固内容或部位划分。

5）永久性房屋（管理设施用房），分部工程按专业性质、建筑部位确定，当分部工程较大较复杂时，可按材料种类、施工特点、施工工序、专业系统及类别划分若干子分部工程。

6）专用公路、专用铁路，分部工程按结构部位、路段长度及施工特点或施工任务划分。

7）同一单位工程中，各个分部工程的工程量（或投资）不宜相差太大，每个单位工程中的分部工程数目，不宜少于 5 个。

（4）单元工程项目的划分应按下列原则确定。

1）按《水利水电工程单元工程施工质量验收评定标准》（SL 631—2012～SL 639—2012）规定进行划分。

2）河（渠）道开挖、填筑及衬砌单元工程划分界线宜设在变形缝或结构缝处，长度一般不大于 100m。同一分部工程中各单元工程的工程量（或投资）不宜相差太大。

3）《水利水电工程单元工程施工质量验收评定标准》（SL 631—2012～SL 639—2012）中未涉及的单元工程可依据工程结构、施工部署或质量考核要求，按层、块、段进行划分。

4）永久性房屋（管理设施用房），分项工程应按主要工种、材料、施工工艺、设备类别进行划分，分项工程可由一个或若干检验批组成，检验批可根据施工及质量控制和专业验收需要按楼层、施工段、变形缝等进行划分。

5）专用公路、专用铁路，按不同的施工方法、材料、工序及路段长度等划分。

工程中永久性房屋、交通、电力、通信等工程项目，应按《建筑工程施工质量验收统一标准》（GB 50300—2013）、《公路工程质量检验评定标准》（JTG F80/1—2017）等相关行业标准划分和确定项目名称，并按照其行业标准进行质量检验和评定。

3.4.2　项目划分确认流程

主体工程开工前，由项目法人组织监理、设计及施工等单位进行工程项目划分，并确定主要单位工程、主要分部工程、重要隐蔽单元工程和关键部位单元工程。在质量安全监督书签订后、主体工程开工前及时应将项目划分表及说明以文件形式报送监督机构确认（申请文件格式见附录 E.1）。

工程实施过程中，单位工程、主要分部工程、重要隐蔽和关键部位单元工程项目划分发生调整时，项目法人应及时重新报送项目划分调整情况。

质量安全监督机构收到项目划分书面报告后，在 14 个工作日内对项目划分进行确认，并将确认结果书面反馈项目法人（确认意见文件格式见附录 E.2）。如审核有异议，应通知项目法人进行调整。审核包括以下主要事项。

（1）单位工程的名称、数量及主要单位工程。

（2）各单位工程中分部工程的数量及主要分部工程、主要单位工程。

（3）单元工程划分原则和重要隐蔽单元工程及关键部位单元工程参考项目划分（可参考附录 E.3）。

主体工程开工前，未按照有关规定办理项目划分确认等手续的，水利工程建设质量与安全监督机构将按《水利工程建设质量与安全生产监督检查办法（试行）》（水监督〔2019〕139 号）第 22 条第三款规定处理，同时计入水利工程建设质量与安全监督机构建立的不良行为记录台账，并予以通报，相关项目不予评优评先等处理。

3.5 核备确认质量评定标准

3.5.1 外观质量评定标准

单位工程外观质量标准及标准分应参照 SL 176 的规定执行。相应工程开工前，项目法人应按《水利水电工程施工质量检验与评定规程》（SL 176—2007）附录 A 中有关要求组织监理、设计、施工单位，根据工程特点和相关技术标准，提出枢纽工程水工建筑物外观质量评定标准报监督机构确认；工程中有《水利水电工程施工质量检验与评定规程》（SL 176—2007）附录中未列出的外观质量项目时，应根据工程情况和有关技术标准进行补充，其外观质量评定标准及标准分应由项目法人组织监理、设计、施工等单位研究确定后报工程质量监督机构核备；房屋建筑工程的外观质量评定按 GB 50300—2013 执行，无需再行核备。

3.5.2 单元工程质量评定标准

对《水利水电工程单元工程施工质量验收评定标准》（SL 631—2012～SL 639—2012）中未涉及的单元工程进行项目划分的同时，项目法人应组织监理、设计和施工单位，根据未涉及的单元工程的技术要求（如新技术、新工艺的技术规范、设计要求和设备生产厂商的技术说明书等）制定施工、安装的质量评定标准，并按照水利部颁发的《水利水电工程施工质量评定表》的统一格式（表头、表身、表尾）制定相应的质量评定表格（包括单元及其工序表格），明确质量评定标准，并由项目法人报质量监督机构核备后执行。

3.5.3 临时工程检验及评定标准

临时工程不纳入项目划分确认内容，但影响主体工程质量和安全的临时工程，应由项目法人组织有关参建单位根据工程特点，参照水利和其他行业相关标准制定工程质量检验及评定标准，同时报质量监督机构核备。

3.5.4　质量评定标准核备确认流程

枢纽工程、堤防工程、引水（渠道）工程、其他工程等未列出的外观质量项目，应根据工程情况和有关技术标准进行补充。其质量标准及标准分由项目法人组织监理、设计、施工等单位研究确定后一并报送质量安全监督机构核备确认（见附录F.1），也可根据工程建设情况分阶段报送。

质量安全监督机构根据工程建设情况，按照有关规范要求，出具明确核备确认意见（见附录F.2）。

3.6　质量检测方案备案审核

3.6.1　第三方检测方案基本要求

项目法人在施工开始前，应委托具有相应资质的检测单位对工程质量进行全过程检测，项目法人可组织检测单位、监理等单位依据《山东省水利工程质量检测要点》《水利工程质量检测技术规程》（SL 734—2016）等相关规定编制检测方案。

检测方案由项目法人提出编写原则及要求，方案应根据工程的实际情况编写，内容主要包括原材料、中间产品、构（部）件质量检测频次和数量，工程实体需明确检测的工程项目以及工程项目中的检测项目、检测单元的划分、采用的检测方法、测区、测点和测线的布置、质量评价的依据等。原材料、中间产品、构（部）件质量检测数量宜按照下列原则确定。

（1）原材料检测数量为施工单位检测数量的1/5～1/10。

（2）中间产品、构（部）件的检测数量为施工单位检测数量的1/10～1/20。

工程实体质量应按照项目法人认定的检测方案中的检测项目、方法、数量进行检测。检测方案应明确第三方检测单位接受项目法人和质量安全监督机构指示，对工程指定部位进行检测。检测单位应当及时向委托方提交检测报告，参与法人验收和政府验收活动。检测单位发现工程存在重大质量安全问题、有关参建单位违反法律、法规和强制性标准的，应及时报告委托方和主管部门。

3.6.2　竣工验收检测要求

根据竣工验收的需要，竣工验收主持单位可以委托具有相应资质的工程质量检测单位对工程质量进行抽样检测。项目法人应与工程质量检测单位签订工程质量检测合同。检测所需费用由项目法人列支，质量不合格工程所发生的检测费用

由责任单位承担。

3.6.3 备案审核流程

工程第三方检测方案由受委托的检测单位负责编写，最后由项目法人认定，于主体工程开工前报质量安全监督机构备案；竣工验收工程质量抽样检测方案，项目法人应根据竣工验收主持单位的要求和项目的具体情况，负责提出工程质量抽样检测的项目、内容和数量，由受委托的检测单位负责编写，最后由项目法人认定，经质量监督机构审核后报竣工验收主持单位核定。检测方案备案（审核）表参见附录 G。实施过程中可根据工程变化情况和需要对原检测方案进行修改，并履行报备手续。

3.7 安全生产相关方案备案

3.7.1 保证安全生产的措施方案

项目法人应组织各参建单位编制保证安全生产的措施方案，于工程开工之日起 15 日内，报监督机构备案。保证安全生产的措施方案应当根据有关法律法规、强制性标准和技术规范的要求并结合工程的具体情况编制，应当包括以下内容（可参见附录 H.1）。

（1）项目概况。

（2）编制依据和安全生产目标。

（3）安全生产管理机构及相关负责人。

（4）安全生产的有关规章制度制定情况。

（5）安全生产管理人员及特种作业人员持证上岗情况。

（6）重大危险源监测管理和安全事故隐患排查治理方案。

（7）生产安全事故应急救援预案。

（8）工程度汛方案。

（9）其他有关事项。

建设过程中情况发生变化时，应及时调整保证安全生产的措施方案，并重新备案。

3.7.2 拆除或爆破工程施工备案

项目法人应在拆除工程或爆破工程施工 15 日前，按规定将以下资料向监督机构备案。

（1）施工单位资质等级证明、爆破人员资格证书。

（2）拟拆除或拟爆破的工程及可能危及毗邻建筑物的说明。

（3）施工组织方案。

（4）堆放、清除废弃物的措施。

（5）生产安全事故的应急救援预案。

3.7.3　重大事故隐患治理方案

工程开工后，参建单位应全面排查和及时治理事故隐患，按照《水利水电工程施工安全管理导则》（SL 721—2015）要求开展，并按 SL 721—2015 附表 E.0.3-62～67 做好相关记录。重大事故隐患判定依据为《水利工程生产安全重大事故隐患清单指南（2021 年版）》（办监督〔2021〕364 号），当工程中存在重大事故隐患时，应制订重大事故隐患排查治理方案。重大事故隐患治理方案应由施工单位主要负责人组织制订，经监理单位审核，报项目法人同意后实施。项目法人应将重大事故隐患治理方案及生产安全事故重大事故隐患排查报告表（SL 721—2015 附表 E.0.3-63）报监督机构备案。

重大事故隐患治理方案应包括下列内容：①重大事故隐患描述；②治理的目标和任务；③采取的方法和措施；④经费和物资的落实；⑤负责治理的机构和人员；⑥治理的时限和要求；⑦安全措施和应急预案等。

重大事故隐患治理完成后，项目法人应组织对重大事故隐患进行验证和效果评估，签署意见后报监督机构备案（参见附录 H.2）。

有关参建单位应按月、季、年对隐患排查治理情况进行统计分析，形成书面报告，经单位主要负责人签字后，报项目法人。项目法人应于每月 5 日前（纳入施工质量安全情况月报）、每季第一个月 15 日前和次年 1 月 31 日前，将上月、季、年隐患排查治理统计分析情况（SL 721—2015 附表 E.0.3-64、E.0.3-67）报送监督机构备案。

3.7.4　重大危险源辨识和安全评估结果

水利工程危险源的辨识评价按照《水利水电工程施工危险源辨识与风险评价导则（试行）》（办监督函〔2018〕1693 号）要求开展。开工前，项目法人应组织其他参建单位研究制定危险源辨识与风险管理制度，明确监理、施工、设计等单位的职责、辨识范围、流程、方法等；施工单位应按要求组织开展本标段危险源辨识及风险等级评价工作，并将成果及时报送项目法人和监理单位；项目法人应开展本工程危险源辨识和风险等级评价，编制危险源辨识与风险评价报告（格式参见办监督函〔2018〕1693号）。危险源辨识与风险评价报告应经本单位安全生产管理部门负责人和主要负责人签字确认，必要时组织专家进行审查后确认。

施工期，各单位应对危险源实施动态管理，及时掌握危险源及风险状态和变化趋势，实时更新危险源及风险等级，并根据危险源及风险状态制定针对性防控措施。

各单位应对危险源进行登记，其中重大危险源和风险等级为重大的一般危险源应建立专项档案，明确管理的责任部门和责任人。重大危险源应按有关规定报项目主管部门和有关部门备案。按照《水利水电工程施工安全管理导则》（SL 721—2015）E.0.3-68~71建立完善相关资料。

项目法人应将重大危险源辨识和安全评估结果印发各参建单位，并报项目主管部门、监督机构备案（参见附录H.3），施工过程如有变化应及时更新报送。

3.7.5 项目生产安全事故应急救援预案、专项应急预案

项目法人应组织制定项目生产安全事故应急救援预案、专项应急预案（结合危险源评估结果及现场实际情况确定），并报项目主管部门和监督机构备案。

综合应急预案内容如下。

（1）总则（包括适用范围、响应分级）。

（2）应急组织机构及职责。

（3）应急响应（信息报告、信息接报、信息处置与研判）。

（4）预警（预警启动、响应准备、预警解除、响应启动、应急处置、应急支援、响应终止）。

（5）后期处置。

（6）应急保障（通信与信息保障、应急队伍保障、物资装备保障、其他保障）。

专项应急预案内容如下。

（1）适用范围。

（2）应急组织机构及职责。

（3）响应启动。

（4）处置措施。

（5）应急保障。

3.7.6 备案程序

项目法人应按规定提交安全生产相关方案材料，相关材料可一并报送，也可根据工程建设情况分阶段报送。工程建设过程中发生变化的应及时进行更新调整，监督机构结合工程建设情况应及时出具备案意见（见附录H.4）。

第4章 水利工程项目实施监督工作

4.1 质量安全监督检查

4.1.1 一般规定

从工程开工前办理监督手续始，到工程竣工验收委员会同意工程交付使用止（含合同质量保修期），监督机构开展监督检查活动。

项目法人应及时向监督机构提供工程相关建设方案、进度安排、设计变更及验收计划，以便监督机构安排质量安全监督检查工作。每季度现场检查原则上不少于2次，每项工程现场检查原则上不少于4次。

监督机构应根据工程建设进度计划和建设进展情况，及时对参建单位的质量安全行为（质量安全管理体系建立和运行）、工程实体质量、现场安全情况进行监督检查；在工程开工初期，应做好参建单位质量安全管理体系建立情况（含复核参建单位资质）监督检查，在工程施工过程中，应做好质量管理体系运行情况和工程实体质量、现场安全情况监督检查。

监督机构在开展监督检查时，可根据工作需要，聘请专家参加检查活动。监督机构可委托有相应资质的质量检测单位对工程进行质量监督检测，委托与工程责任主体无利害关系的咨询等专业技术机构对工程质量安全责任主体的质量安全行为开展监督检查。

监督机构应根据监督检查情况，以图表文的方式做好问题文字描述记录和拍照取证，依据《水利工程建设质量监督检查问题清单（2020年版）》《水利工程建设安全生产监督检查问题清单（2022年版）》等有关文件确定问题定性，现场检查结束后3个工作日内及时向项目法人发送《工程质量与安全监督检查问题整改工作的通知》（格式见附录I.1），提出整改要求，并按照《水利工程建设质量与安全生产监督检查办法》提出责任追究建议。

监督机构应建立整改台账，跟踪整改落实。安排专人建立《工程监督检查问题整改台账》（见附录 I.2），对问题整改情况进行跟踪，对项目法人提交的整改报告进行核实，严格把关，必要时到施工现场复查，整改核实后登记销号，并及时整理归档监督档案资料。对质量安全体系不完善、质量安全体系运行不正常、质量安全行为不规范、工程实体质量及安全隐患问题较多或严重的项目及其责任主体，监督机构应加大监督检查力度和频次。

4.1.2 质量安全管理体系建立情况监督检查

4.1.2.1 项目法人质量体系建立情况监督检查，按照《项目法人质量管理体系建立检查表》（见附录 J.1）、《项目法人安全管理体系建立检查表》（见附录 K.1）内容进行，重点检查如下内容。

（1）项目法人是否设立了质量安全管理机构，配备的质量安全管理人员数量、职称和专业是否满足工程质量安全管理工作需要，水行政主管部门主要负责人不得兼任水利建设项目的法人代表，技术负责人是否有水利专业中级及以上技术职称（大型工程需要高级职称）。

（2）人员结构合理，应有满足工程建设需要的技术、经济、财务、招标、合同管理等方面的管理人员，人员数量原则上应不少于 12 人，其中具有各类专业技术职称的人员应不少于总人数的 50%。

（3）项目法人应有适应工程建设需要的组织机构，一般应设置综合、计划、财务、工程技术、质量安全等部门，并建立完善的工程质量、安全、进度、投资、合同、档案、信息管理等方面的规章制度。

（4）质量安全管理制度是否制定和完善，主要包括质量安全责任制（工程质量安全管理分工负责制、岗位责任制、责任追究和奖惩）、例会制、月报制、质量评定、质量检查验收、设计变更、质量检查、质量缺陷管理、质量安全事故报告制、设计变更审查、工程档案管理等制度。

（5）是否委托有相应资质的单位对工程质量开展第三方检测。

（6）工程项目划分及报批情况。

（7）质量监督相关手续办理、保证安全生产措施方案及危大工程项目清单等安全生产资料报备情况。

4.1.2.2 勘察、设计单位现场服务体系建立情况监督检查，按照《勘察、设计单位现场服务质量体系建立检查表》（见附录 J.2）、《勘察、设计单位现场服务安全体系建立及运行检查表》（见附录 K.2）的内容进行，重点检查以下内容。

（1）复核勘察、设计单位资质。

（2）勘察、设计单位是否成立了项目组或明确了主要设计人员，派驻现场设计代表人员的资格和专业配备是否满足施工需要。

（3）是否建立了设计技术交底、安全生产责任制度。

（4）现场设计通知、设计变更的审核、签发制度是否完善。

（5）是否规范组织开展了开工前设计交底。

4.1.2.3　监理单位质量安全控制体系建立情况监督检查，按照《监理单位质量控制体系建立检查表》（见附录 J.3）、《监理单位安全控制体系建立检查表》（见附录 K.3）的内容进行，重点检查以下内容。

（1）符合监理单位资质。

（2）现场监理人员是否与投标文件一致，人员变更是否按要求履行了手续，变更后的人员资格是否满足工程需要，人员的专业和数量是否满足工程建设需要。

（3）现场总监理工程师、监理工程师等人员资格，总监理工程师、监理工程师应具有"水利工程建设监理工程师资格证书"和"监理工程师（水利工程）注册证书"，总监理工程师还应持有水利专业高级技术职称证书。

（4）各种管理制度制定及落实情况，包括岗位责任制度、技术文件核查制度、审核审批制度，原材料、中间产品和工程设备报验制度，工程质量抽检制度、工程质量报验制度，监理例会制度、质量缺陷备案及检查处理制度、监理报告制度、工程验收制度及安全生产责任制度（教育培训、隐患排查）等制度。

（5）监理规划、监理细则是否有针对性，监理单位进驻现场开展工作，首先应编制工程建设监理规划，监理规划应对项目监理计划、组织、程序、方法等作出表述；根据工程建设计划进度，在相应工程施工措施计划批准后、专业工程施工前或专业工作开始前分专业编制专项监理细则；在监理细则中，应对质量控制方法、质量检测方法、质量验收办法、质量评定标准等与质量有关的事宜，均应有明确的表述；危大工程编制监理专项实施细则。

（6）监理单位是否印发了本工程项目质量检验评定标准、选用（制订）的质量评定表格。

（7）对施工单位的保障体系及施工准备情况是否开展监理检查。

4.1.2.4　施工单位质量安全保证体系建立情况监督检查，按照《施工单位质量保证体系建立检查表》（见附录 J.4）、《施工单位安全保证体系建立检查表》（见附录 K.4）的内容进行，重点检查以下内容。

（1）复核施工单位资质、安全生产许可证。

（2）项目部组织机构是否健全、主要管理人员是否按投标文件配备，人员是否满足合同要求。

（3）项目部是否设立了专职质检机构，质检员的专业、数量配备能否满足施工质量检查的要求；结合工程建设情况设立现场检测实验室的，试验检测人员是否持证上岗，仪器设备是否经计量检验部门率定，委托质量检测机构是否满足资质要求。

（4）是否制订施工自检计划，明确主要原材料和中间产品的检测频次、指标、取样方式等。

（5）质量安全管理制度是否建立健全，包括工程质量安全岗位责任制度、工程质量检验评定制度、"三检制"制度、工程原材料和中间产品检验制度、质量安全事故责任追究制度及各项质量安全管理制度。

（6）施工单位执行的规范规程、质量标准是否有效，施工记录表格、验收与质量评定表格是否符合行业管理规定。

（7）抽查机械设备是否与投标文件承诺一致，检查施工人员是否到岗到位、关键岗位人员是否到岗履职。

（8）施工组织设计、施工方案、质量安全保证措施、专项施工方案、施工试验方案等编制报批情况。

（9）质量安全教育培训、交底等情况。

4.1.2.5 质量检测单位质量体系建立情况监督检查，按照《质量检测单位质量保证体系建立检查表》（见附录 J.5）的内容进行，重点检查以下内容。

（1）检测单位资质等级及业务范围是否符合要求，是否执行回避制度；检测人员是否有相应的资格证书。

（2）国家规定需强制检定的计量器具是否经县级以上计量行政部门认定的计量检定机构或其授权设置的计量检定机构进行了检定。

（3）管理制度是否完善，包括质量手册、程序文件、作业指导书。

（4）设立工地试验室的，试验室人员资格和专业配备是否满足合同和施工需要。

4.1.3 质量安全管理体系运行监督检查

4.1.3.1 项目法人的质量安全管理体系运行监督检查，按照《项目法人质量管理体系运行检查表》（见附录 J.6）、《项目法人安全管理体系运行检查表》（见附录

K.5) 的内容进行，重点检查以下内容。

（1）质量安全管理工作是否及时有效，是否对勘察、设计、监理、施工、质量检测等单位的质量安全体系建立及运行情况、工程质量安全技术标准（特别是强制性条文）执行情况进行定期和不定期检查。

（2）是否及时办理设计变更手续。

（3）工程单元、分部、单位工程质量评定及重要隐蔽（关键部位）单元工程验收、分部工程验收、单位工程验收等法人验收工作是否及时规范。

（4）质量评定结论，分部、单位等工程验收鉴定书是否及时报送核备；质量缺陷是否按规定处理报备。

（5）重大危险源辨识、安全生产事故隐患排查整治、安全生产措施落实情况。

（6）是否对参建单位的质量行为和工程实体质量进行检查，安全生产综合检查、专题会议及质量安全例会组织召开情况，安全生产措施费落实情况。

（7）工程质量安全事故是否按规定进行报告、调查、分析和处理。

4.1.3.2　勘察、设计单位服务体系运行监督检查，按照《勘察、设计单位现场服务质量体系运行检查表》（见附录 J.7）、《勘察、设计单位现场服务安全体系建立及运行检查表》（见附录 K.2）的内容进行，重点检查以下内容。

（1）设计现场服务体系是否落实，设代人员是否按合同约定到工地现场及时提供设计服务。

（2）设计变更是否符合有关变更的程序，图纸提供是否及时。

（3）是否及时参加质量检查和验收工作，并对工程是否满足设计要求提出明确结论。

（4）重要隐蔽单元工程联合验收是否有地质编录。

（5）是否有指定材料、构配件、设备等生产厂家、供应商的行为。

（6）对工程建设强制性条文执行情况。

（7）是否按规定参与了质量缺陷及质量事故的调查与分析。

4.1.3.3　监理单位质量安全控制体系运行监督检查，按照《监理单位质量控制体系运行检查表》（见附录 J.8）、《监理单位安全控制体系运行检查表》（见附录 K.6）的内容进行，重点检查以下内容。

（1）监理人员变更情况，总监理程师和监理工程师是否按合同要求驻工地，现场监理人员是否满足工程各专业质量控制的要求。

（2）监理人员是否熟悉工序质量控制标准，是否按规定对关键工序、重要部位和隐蔽工程实施旁站监理，总监理工程师巡视监理情况。

（3）质量安全有关规范规定、技术标准的执行情况；监理规划、监理实施细则的编制落实情况。

（4）是否坚持工程例会制度，提出的质量安全问题是否能够及时解决。

（5）是否及时填写监理日志、月报和旁站记录，对质量安全问题是否有详细记录。

（6）是否对进场的原材料、中间产品和工程设备按合同规定平行检测和跟踪检测，进行核验或验收，是否及时对单元（工序）工程质量等级进行评定，签字手续是否完备。

（7）是否审查施工组织设计中安全生产技术措施或专项施工方案情况，是否进行了强制性标准符合性审查。

（8）安全防护设施的检查验收情况。

（9）质量缺陷问题处理情况，对现场发现不合格材料、构配件、设备等和发生质量安全问题的处理情况，质量安全事故的处理处置情况。

（10）历次检查发现问题的整改落实情况。

4.1.3.4 施工单位的质量安全保证体系运行监督检查，按照《施工单位质量保证体系运行检查表》（见附录 J.9）、《施工单位安全保证体系运行检查表》（见附录 K.7）的内容进行，重点检查以下内容。

（1）项目经理、技术负责人、质量负责人按合同要求驻工地情况，质检人员是否熟悉各项质量标准，专职安全员是否到位履职，质量检验是否及时有效，现场安全是否有效管控，人员变更是否符合相关规定。

（2）施工规范规程、技术标准执行情况，特别是强制性条文执行情况，施工组织设计和施工方案的落实执行情况。

（3）"三检制"是否落实到位，质量评定是否及时、准确，评定资料是否齐全规范，是否使用规范表格，重要隐蔽和关键部位单元工程是否办理了联合验收签证，施工日志对有关质量记录是否详细。

（4）原材料和中间产品、金属结构、启闭机、机电设备等工程设备质量检测项目、数量是否满足规范和设计要求，是否执行见证取样制度，出厂合格证是否齐全，材料进场台账是否建立，金属结构、启闭机和机电设备是否进行交货检查、验收和记录。

（5）原材料、中间产品及单元（工序）工程质量检验结果是否及时送监理单位复核。

（6）特种作业人员持证上岗情况。

（7）质量缺陷是否按规定进行处理，质量安全事故是否按规定进行处理处置，历次检查发现问题是否及时整改。

（8）工程安全设施是否与主体工程同时设计、同时施工、同时投入使用。

（9）各项安全生产措施方案备案及落实情况，安全生产责任制、教育培训及保证安全生产资金落实情况。

（10）重大危险源的辨识、登记、公示情况，危大工程专项实施方案编制落实，安全生产事故应急救援预案情况。

（11）施工现场明显部位是否设置安全警示标志，物品存放情况是否符合规定。

（12）安全帽、安全带、安全网及各通道口安全防护情况。

（13）脚手架及模板支撑体系是否按照批准的方案搭设，是否按规定设置剪刀撑和扫地杆，是否进行了安全设施验收。

（14）施工起重机械的安全设施和装置情况。

（15）对高边坡、深基坑和地下暗挖工程边坡位移和沉降监测情况，是否采取了排水、临时支护及防护网。

（16）施工用电配电箱、开关箱及电线电缆搭设是否满足安全规范要求。

（17）历次检查发现问题的整改情况。

4.1.3.5 检测单位质量管理体系运行监督检查，按照《质量检测单位质量保证体系运行检查表》（见附录 J.10）的内容进行，重点检查以下内容。

（1）与工程质量检测有关的规程、规范、技术标准和强制性条文的执行情况。

（2）检测合同、委托单、原始记录和检测报告是否统一编号和归档管理，是否单独建立检测结果不合格项目台账。

（3）检测人员是否在从业资格范围内从事检测工作，签字盖章是否规范；检验报告（单）证章使用和签名是否规范，是否符合规范要求。

（4）是否严格执行质量检测相关规定，历次检查发现问题整改情况。

4.1.4 实体质量监督检查

4.1.4.1 质量监督机构应对工程实体质量是否满足相关规范、合同和工程建设技术标准、强制性条文情况进行监督检查。参照《水利工程建设质量与安全生产监督检查清单》中"工程实体质量检查清单"和《山东省水利工程实体质量监督检查工作要点清单》（鲁水监督函字〔2021〕117 号），对工程建设所涉及的基础处理、土石方、混凝土及钢筋混凝土、砌（护）及防（排）水、金属结构及机电安装等内容进行质量抽查。

4.1.4.2 工程实体质量监督检查内容包括：主要原材料、中间产品、重要部位混凝土及构配件、金属结构、机电设备等。

4.1.4.3 工程实体质量监督检查的重点部位为：重要隐蔽单元工程、关键部位单元工程、主要分部工程、主要单位工程及工程建设薄弱环节。各部位应至少开展 1 次抽查检查。

4.1.4.4 质量监督机构应对实体质量相关资料进行监督检查，主要内容是：隐蔽工程验收、单元工程质量验收评定、分部工程及单位工程验收、监理单位检查记录、参建单位自行开展或委托的检测成果、质量缺陷处理等资料，重点检查资料记录与填写是否及时规范、检测项目数据是否真实齐全、检查项目是否真实全面。

4.1.4.5 质量监督机构实体质量检查以工程第三方检测单位出具的检测数据为主要依据，必要时可采取尺寸测量、强度回弹等基本检测手段或指令第三方检测单位对工程指定部位进行专项检测，同时积极推行委托有相应资质的检测机构开展质量监督抽检。

4.1.4.6 实体质量监督检查在主体工程施工期间原则上每年不少于 1 次。监督机构及时将实体监督检查结果通知项目法人单位，对检查不合格项目及时提出监督意见，跟踪落实问题整改，据此做好质量缺陷备案及质量事故处理相关工作。

4.1.5　监督技术支撑

4.1.5.1 质量监督机构可委托有相应资质的质量检测单位对工程原材料、中间产品、构配件、金属结构、机电设备及实体质量进行监督检测。质量监督检测不代替项目法人或参建单位的质量检测工作。

4.1.5.2 质量监督检测单位应根据监督机构要求制订检测方案，明确抽检部位、项目、参数频次及采用的质量标准等，检测方案经质量监督机构审核后实施。

4.1.5.3 质量监督机构应及时将质量监督检测结果通知项目法人；对质量监督检测中发现质量不合格、不满足设计要求的原材料、中间产品及工程实体，质量监督机构应及时书面通知项目法人组织整改处理或进行复核，必要时抄送相关水行政主管部门。

4.1.5.4 监督机构对专业性强和技术复杂的项目，可委托技术力量满足要求的咨询等专业技术单位对工程参建单位质量安全行为（质量安全体系建立和运行）、实体质量和质量检验评定、安全管理情况是否满足规范及设计要求进行检查，并可根据检查情况对工程质量安全管理效果进行评价。

4.1.5.5 监督技术支持单位应根据与监督机构签订的委托协议编制质量安全检查工作大纲，明确检查工作内容、检查人员专业和资格、工作方法、工作计划、阶段成果和成果提交形式等，工作大纲经监督机构审核后实施。

4.1.5.6 质量安全检查单位在监督检查工作完成后，应及时向监督机构提交质量安全检查工作报告。监督机构收到工作报告后及时研判工程质量安全管理状况，并反馈项目法人。

4.1.6 监督检查意见与整改监督

4.1.6.1 监督人员应做好监督检查的记录和取证工作。检查结束后，质量监督人员应及时将监督检查中发现的问题向参建单位反馈，并将《工程质量与安全督检查问题整改工作的通知》发送项目法人，对检查中发现的较大质量问题或未按要求整改的质量问题，还应抄送有关主管部门。

4.1.6.2 监督检查意见由项目法人组织整改落实，项目法人应及时将整改落实情况书面报送监督机构。

4.1.6.3 质量监督机构应对质量监督检查意见的整改落实情况进行核查。对检查发现问题属于"被约谈的参建单位、项目存在重大实体质量及安全生产隐患、不履行重大设计变更程序、不按设计要求及规范规程施工造成严重后果等"市场主体不良行为的，可按照《山东省水利建设市场主体不良行为动态评价办法》责成项目法人或上报水行政主管部门记入相应市场主体信用记录；检查发现问题按《水利工程建设质量与安全生产监督检查办法（试行）》和《水利工程合同监督检查办法（试行）》进行界定，依规报送有关主管部门对责任单位及责任人落实责任追究措施；需要采取行政处理、行政处罚的违法违规行为的，上报水行政主管部门依法采取相应惩戒措施，并按《水利建设市场主体信用信息管理办法》落实信用惩戒措施。

4.1.6.4 监督机构应在质量核备、阶段验收质量安全评价和竣工验收质量安全评价等工作中对监督检查意见的整改落实情况进行进一步复核检查。

4.2 质量缺陷备案

4.2.1 水利建设工程质量缺陷（以下简称质量缺陷）是指在水利工程建设中，造成直接经济损失较小（大体积混凝土、金结制作和机电安装工程小于 20 万元，土石方工程、混凝土薄壁工程小于 10 万元），或处理事故延误工期不足 20 天，经过处理后仍能满足设计及合同要求，不影响工程正常使用及工程寿命，达不到一般质量事故级别的质量问题称为质量缺陷。分为一般质量缺陷（对工程质量、结构安全、运行无影响）、较重质量缺陷（对工程质量、结构安全、运行、外观质量有一定影响）、严重质量缺陷（对工程质量、结构安全、运行、外观质量有影响，需进行加固补强等特殊处理）三类。

4.2.2 项目法人应组织参建单位对工程质量缺陷处理方案进行论证。处理结束后，一般质量缺陷由监理单位会同施工单位对处理结果进行检查及验收；较重和严重质量缺陷由建设单位组织监理、设计、检测、施工单位对处理结果进行检查及验收，严重质量缺陷还应对其在长期运行条件下安全性进行定期和不定期检查。

4.2.3 项目法人应在质量缺陷处理结束后 10 个工作日内将质量缺陷备案表（见附录 L.1）和有关材料报质量监督机构备案。项目法人对质量缺陷备案材料的真实性负责，质量监督机构对质量缺陷备案工作的程序性、材料的完整性进行审核。

4.2.4 质量监督机构应在收到质量备案表后 3 个工作日内完成备案，对符合备案条件的质量缺陷应予以备案，在质量缺陷备案登记表签署同意备案意见后发送项目法人；对不符合备案条件的质量缺陷，项目法人应重新研究处理后，及时报送质量监督机构备案。

4.2.5 工程质量缺陷情况应在相应单元工程评定表中予以体现。项目法人单位应建立质量缺陷备案台账（见附录 L.2），工程竣工验收时，项目法人应向竣工验收委员会汇报并提交历次质量缺陷备案资料。

4.3 质量安全事故处理监督

4.3.1 发生质量安全事故后，项目法人应及时向质量安全监督机构报告，按照《水利工程质量事故处理暂行规定》《生产安全事故报告和调查处理条例》等规定做好事故处理工作。

4.3.2 监督机构接到质量安全事故报告后应及时到达事故现场，按规定参加事故调查、事故处理工作。

4.3.3 质量事故处理完成后，项目法人应委托具有相应资质等级的质量检测单位检测后，按照处理方案确定的质量标准，重新进行工程质量评定，并报质量监督机构备案或核备。

4.4 工程质量举报投诉调查处理

4.4.1 任何单位和个人对建设工程的质量安全事故、质量缺陷及质量安全问题都有权检举、控告、投诉。各级水行政主管部门应在官方网站公示质量安全投诉举报联系方式，保证多种投诉举报渠道方式畅通。

4.4.2 举报人需提供针对工程质量安全问题的相关信息，以书面材料为宜（不限于纸质材料，可使用电子版文件、影像等多种形式）。

4.4.3 规范投诉举报收件、受理、调查处理、处理处置各个环节，收到举报5日内确定是否受理，30日内处理完毕，情形较为复杂的，根据实际情况及时组织并完成处理。

4.4.4 经查工程参建单位确实存在质量安全问题的，责令整改；涉嫌违反水利工程建设质量安全管理有关法律、法规的，报水行政主管部门进行处理。

4.5 施工质量安全情况月报

施工单位应及时将原材料、中间产品、单元（工序）工程质量检验结果报监理单位复核，及时将事故隐患排查整治、危险源辨识等情况报送监理单位，并应按月将施工质量安全情况报送监理单位，由监理单位汇总分析后报项目法人。项目法人根据施工月报、监理月报及第三方检测单位的检测情况，每月定期向监督机构报送质量安全有关工作开展情况（附第三方检测单位当月出具的检测报告等材料）。

第5章 水利工程建设项目验收监督工作

5.1 质量核备

5.1.1 核备内容

5.1.1.1 项目法人报送质量监督机构备案包括以下内容。

(1) 重要隐蔽（关键部位）单元工程质量等级。

(2) 分部工程验收质量结论。

(3) 单位工程外观质量评定结论。

(4) 单位工程验收质量结论。

(5) 工程项目质量结论。

(6) 法人验收监督管理机关、质量监督机构要求报送备案的其他内容。

5.1.1.2 工程质量备案与核备材料由项目法人在规定时间内以书面形式报送质量监督机构〔重要隐蔽（关键部位）单元工程质量备案表格式见附录 M.1，分部工程、单位工程、项目工程等工程直接以施工质量评定表报备〕，项目法人对质量等级结论和报送材料的真实性负责，质量监督机构对备案与核备项目质量评定工作的程序性、材料的完整性进行审核。

5.1.1.3 工程质量备案与核备材料要求

(1) 重要隐蔽（关键部位）单元工程核备材料应包括以下内容：重要隐蔽（关键部位）单元工程质量备案表、质量等级验收签证表及应附备查资料、单元工程施工质量报验单、评定及"三检表"等质量检验记录、监理抽检资料等质量复核检验记录、有关质量缺陷备案资料（有时）和其他相关资料。

(2) 分部工程施工质量结论核备备查资料清单应包括以下内容：分部工程验收鉴定书，分部工程质量评定表，涉及原材料、中间产品资料，不同类型单元工程资料至少各一个，设计变更资料、质量缺陷备案表、质量事故处理和其他相关资料（见附录 M.2）。

（3）单位工程验收质量结论核备材料应包括以下内容：单位工程验收鉴定书，单位工程施工质量评定表，单位工程外观质量评定表（可单独核备或与单位工程一并核备，需附外观质量现场抽测记录表及有关质量检测成果），工程参建单位工作报告，设计变更、质量缺陷备案、质量事故处理和其他相关资料（见附录 M.3）。

（4）工程项目质量等级核备应在工程所有单位工程验收质量结论核备完成后进行，由项目法人提交工程项目施工质量评定表及工程项目验收自查工作报告进行核备。

5.1.2 核备程序

5.1.2.1 核备程序及方法

（1）重要隐蔽（关键部位）单元工程质量等级、分部工程验收质量结论。项目法人在重要隐蔽（关键部位）单元工程、分部工程验收通过之日起 10 个工作日内，将质量等级、验收质量结论报质量监督机构（或质量监督项目站）核备。

质量监督机构在收到材料后，在 20 个工作日内完成核备。核备的主要条件为：质量验收及评定工作符合程序规范，材料齐全、完整，历次质量监督检查发现的质量问题已整改处理完成。对于符合备案条件的重要隐蔽（关键部位）单元工程质量等级、分部工程验收质量结论，质量监督机构在质量备案表备案意见栏签署"资料齐全，评定验收程序合规，监督检查问题已整改，同意备案"或"资料基本齐全，评定验收程序合规，监督检查问题已整改，同意备案"意见，盖章后发送项目法人，并返还有关材料。

（2）单位工程验收质量结论、外观质量评定结论。项目法人在单位工程验收通过之日起 10 个工作日内，将质量等级、验收质量结论报质量监督机构（或质量监督项目站）核备。

质量监督机构在收到项目法人报送的单位工程验收质量结论、单位工程外观质量评定结论备案材料后，在 20 个工作日内完成核备。核备的主要条件内容包括：单位工程验收程序规范，单位工程施工质量检验与评定资料齐全完整，历次质量监督检查发现的质量问题已整改处理完成；外观质量评定程序规范，材料齐全。

对于单位工程外观质量评定，如单位工程中只含有一种工程类型，则以该工程的外观质量评定作为单位工程外观质量评定得分；如单位工程中包括工程类型较多，各工程分别进行外观评定，并按在单位工程中所占比重进行加权汇总，作为单位工程外观质量评定得分。

对于符合备案条件的单位工程外观质量评定结论，质量监督机构在工程外观质量评定结论核定表备案意见栏签署"资料齐全，评定验收程序合规，监督检查问题已整改，同意备案"或"资料基本齐全，评定验收程序合规，监督检查问题已整改，同意备案"意见，盖章后发送项目法人，并返还有关材料。

（3）工程项目质量结论。项目法人在所有单位工程验收质量结论备案完成后10个工作日内，将质量等级、验收质量结论报质量监督机构（或质量监督项目站）核备。质量监督机构在收到项目法人报送的工程项目质量结论备案材料后，在20个工作日内完成核备，可视情况与单位工程验收质量结论备案同时进行。对于符合备案条件的单位工程验收质量结论，质量监督机构在单位工程验收质量结论备案表备案意见栏签署"资料齐全，评定程序合规，监督检查问题已整改，同意备案"或"资料基本齐全，评定验收程序合规，监督检查问题已整改，同意备案"意见，盖章后发送项目法人，并返还有关材料。

5.1.2.2 质量备案与核备过程中发现较大质量问题或遗留问题，质量监督机构应及时向验收主持单位或法人验收监督管理机关反映。

5.1.3 核备方法

5.1.3.1 质量监督机构一般采取审查质量备案与核备表、抽查相关质量检验评定资料等方式，结合历次监督检查和问题整改落实、竣工检测、初期运行（试运行）、工程竣工验收自查等情况开展备案与核备工作，必要时可赴工程现场核查；质量监督机构可聘请专家或委托质量评估单位参与质量备案与核备工作。质量监督机构发现项目法人报送的质量备案与核备材料不齐全或存在错误的，应通知项目法人重新办理质量备案与核备手续。

5.1.3.2 质量监督机构对项目法人质量结论有异议时，应及时通知项目法人组织进一步研究。当质量监督机构、项目法人对质量结论仍然有分歧意见时，应报请法人验收监督管理机关协调解决。

5.2 工程验收的质量安全监督

5.2.1 重要隐蔽工程验收

项目法人应在重要隐蔽工程验收前2个工作日通知质量监督机构，质量监督机构可派员列席，并检查隐蔽工程验收有关资料。

5.2.2　分部工程验收

项目法人应在分部工程验收前 5 个工作日通知质量监督机构，质量监督机构可派员列席，并对验收情况进行监督。质量监督机构应着重对分部工程验收工作组的人员组成、分部工程是否具备验收条件、验收内容是否齐全、验收程序是否符合规定、质量等级的评定是否准确进行监督，以便验收后进行核备。

5.2.3　单位工程外观质量评定

项目法人应在单位工程外观质量评定前 5 个工作日通知质量监督机构，质量监督机构可派员列席，并对工程外观质量评定过程进行监督，单位工程外观质量评定可与单位工程验收同日进行。

5.2.4　单位工程验收

项目法人应在单位工程验收前 5 个工作日通知质量监督机构，质量监督机构应派员列席，并对验收情况进行监督。质量监督机构应着重关注单位工程验收工作组的人员组成、单位工程是否具备验收条件、验收内容是否齐全、验收程序是否符合规定；核定外观质量评定结论；检查质量等级的评定是否准确，以便验收后对单位工程验收质量结论进行核定。

5.2.5　列席项目法人各阶段验收

可根据验收情况，对所列席的法人验收提出质量监督工作意见（见附录 N）。

5.2.6　阶段验收

项目法人应在工程阶段验收前 10 个工作日通知质量监督机构，质量监督机构在阶段验收时应提前完成阶段验收所包含的分部工程、单位工程的验收质量结论核备工作，并作为验收委员会成员参加阶段验收，提交工程质量监督报告（见附录 O）。

5.2.7　竣工验收

项目法人组织工程竣工验收自查前，应提前 10 个工作日通知质量监督机构，质量监督机构应派员列席自查工作会议。

项目法人应在工程竣工技术预验收前 20 个工作日通知质量监督机构，质量监督机构应派员参加竣工预验收，并提交工程质量监督报告。

项目法人应在工程竣工验收前 20 个工作日通知质量监督机构，质量监督机构根据竣工验收的工作安排，提供工程质量监督报告（见附录 O），对工程质量是否合格提出明确的结论，派代表作为验收委员会成员参加工程竣工验收会议。

第6章 监督档案及信息管理

6.1 监督档案管理

6.1.1 工程质量安全监督档案管理应符合《水利工程建设项目档案管理规定》（水办〔2021〕200号）、《水利工程建设项目档案验收办法》（水办〔2023〕132号）等规定。

6.1.2 监督机构应建立质量安全监督档案管理制度，档案应与监督工作同步。

6.1.3 监督机构应对工程项目分别建立档案，监督档案资料按《科学技术档案案卷构成的一般要求》（GB/T 11822—2008）实施归档。

6.1.4 监督档案主要包括工程建设中涉及质量安全管理资料和监督机构自身工作资料。应保存的质量安全监督档案包括以下几种。

（1）质量安全监督手续办理文件及相应材料。

（2）项目站组建及质量安全监督计划。

（3）项目划分确认文件及相应材料。

（4）质量安全监督检查记录、取证材料、检查书。

（5）整改通知及相应回复材料。

（6）项目法人报送的质量评定核备等材料。

（7）质量缺陷、质量安全事故备案资料、质量安全问题调查处理报告及相关材料。

（8）安全生产措施方案、拆除和爆破工程以及安全生产事故隐患治理等备案资料。

（9）质量安全举报调查处理相关材料。

（10）参建单位验收报告。

（11）质量监督检测报告（如有时）、质量安全监督报告。

（12）质量安全监督过程中形成的图片、音像等资料。

（13）其他需要保存的资料。

6.1.5 归档文件具体范围及档案保管期限见附录P。除按规定进行的文本档案存档外，还宜采用电子文档的形式进行存档。电子文件归档应符合《建设项目电子文件归档和电子档案管理暂行办法》等相关规定。

6.2 监督信息管理

6.2.1 监督机构应加强对监督项目的信息化管理，运用互联网、移动通信等技术，建立监督信息平台，及时掌握区域内水利工程建设项目质量安全动态。

6.2.2 监督机构可积极通过"山东省水利工程建设项目监管平台"办理相关手续，运用"山东水利工程质量与安全监督管理系统"开展监督检查活动，历次监督检查的情况录入"山东省水利工程建设项目监管平台"，并根据检查情况及时进行市场主体不良行为动态评价。

6.2.3 项目法人应按有关要求如实向监督机构提供有关信息资料，不得隐匿、瞒报。

6.2.4 项目法人应及时在"山东省水利工程建设项目监管平台"完善并更新工程信息，工程其他参建单位应及时在"全国水利建设市场监管服务平台"和"山东省水利建设市场信用信息平台"录入项目信息，并保证相关信息的准确性。

6.2.5 监督机构对项目法人提供的涉及商业秘密等资料应加强保密管理，不得泄露给未经授权的任何组织或个人，否则将承担相应的行政和法律责任。

第7章 水利工程质量、安全常见问题及防治措施

7.1 常见质量问题及防治措施

7.1.1 浆砌石砌筑

1. 问题描述

砌石砂浆不饱满、有空洞，面层石料平整度差，整体凹凸不平，石料表面有泥土。

2. 主要原因

（1）砌筑前未进行干摆试放。

（2）砂浆铺筑厚度不符合要求，未进行插捣或插捣不密实，水平缝砂浆不饱满，石块竖缝无砂浆。

（3）丁石数量不够，分层砌筑没有错缝。

（4）施工间隙处未留阶梯形斜槎；继续砌筑前，未清除原砌体表面的浮渣。

（5）石料使用前未进行清理。

3. 防治措施要点

（1）砌筑前要进行干摆试放。

（2）每层铺砂浆厚度，料石宜为 2～3cm，块石宜为 3～5cm，保证充填饱满并插捣密实。

（3）砌筑时应先砌面石，后砌腹石，并应有一定数量的丁石；石料大面朝下，相邻两层、两排应错缝交接。

（4）施工间隙处要按规定留阶梯形斜槎，不能留马牙槎；在继续砌筑前，应将原砌体表面的浮渣清除，砌筑时应避免振动下层砌体。

（5）施工前应对污染的石料进行清理，表面干净后方可使用。

7.1.2 止水材料

1. 问题描述

止水材料处理不规范。

2. 主要原因

止水安装采用铁丝打孔固定，止水带破损。

3. 防治措施要点

（1）按规范和设计要求，严格检测止水带接头连接质量。

（2）严禁穿孔固定安装止水带和止水片；止水带、止水片安装要有防止移位、变形或撕裂措施；止水特别是水平止水、止水片底部应人工送料填满。

（3）搬运、加工及仓内的其他施工作业不得污染止水带或止水片，被污染止水带或止水片要及时清除污染。

（4）在混凝土浇筑过程中，做好止水带的施工保护。

7.1.3 钢筋安装处理

1. 问题描述

（1）钢筋表面不洁净，表面有泥浆、污物、油渍、浮锈皮等。

（2）电弧焊：焊缝长度不够，焊缝表面宽窄不一、凸凹不平，焊缝有加渣、焊瘤、咬边现象，接头不同心。

2. 主要原因

（1）钢筋储存，特别是露天堆放，时间过久，表面氧化锈蚀。

（2）堆放场地高程过低，排水不畅等也可污染钢筋表面。

（3）钢筋电弧焊：①施焊前未在钢筋上做焊接长度标记，不清楚焊缝的规范长度；②选择的焊接参数不合适，焊接过程中突然灭弧；③焊接电流过小、钢筋上的铁锈等杂物或焊接熔渣进入焊缝中；④熔后铁水温度过高，在立焊时电流过大；⑤焊接电流过大、电弧过长、运弧不稳。

（4）采用搭接焊，但是接头未进行处理。

3. 防治措施要点

（1）在堆放、运输中，必须注意不要使泥土、油料污染钢筋。

（2）钢筋库房宜设置顶棚，如有困难需露天堆放，必须垫高，且保持排水通畅。

（3）用料时应先入库先使用，以降低钢筋表面的氧化程度。

（4）钢筋电弧焊：①施焊前应按规范要求的搭接长度用画笔在钢筋上做好标记；②根据焊接位置、钢筋直径等选择焊接电流等参数；③焊接过程中不得突然灭弧，收弧时弧坑必须填满。

（5）搭接焊接头的两根搭接钢筋的轴线，应位于同一直线上。大体积混凝土结构中，直径不大于25mm的钢筋搭接时，钢筋轴线可错开1倍钢筋直径。

7.1.4 混凝土浇筑

1. 问题描述

混凝土粗骨料窝集，架空形成的蜂窝、孔洞，固定模板钢筋未处理。

2. 主要原因

（1）混凝土配合比不满足要求，混凝土拌合物和易性、级配较差（砂浆包裹不住石子）、骨料最大粒径过大。

（2）混凝土拌合物粗骨料粒径大于钢筋间距或钢筋连接段处的钢筋间距，混凝土拌合物被钢筋或钢筋连接段架空。

（3）埋件附近混凝土被架空、粗骨料窝集或混凝土气泡无法彻底排出。

（4）混凝土拌合物运输、入仓、布料、平仓振捣能力不足或不匹配；运输过程产生离析，入仓时混凝土拌合物自由下落高度较大，粗骨料分离；布料不均匀，分层过厚、次序方向混乱，造成粗骨料分离、窝集；平仓振捣不及时且能力不足、漏振，粗骨料分离、窝集点不均匀等。

3. 防治措施要点

（1）不合格的混凝土拌合物严禁入仓，已入仓的不合格混凝土拌合物必须清除。

（2）提高混凝土拌合物运输、入仓、布料、平仓振捣等方面的工艺，配齐设备且保证其生产能力相匹配；严禁无序布料和振捣，防止漏振，严禁在模板上开孔赶排泌水带走灰浆。

（3）靠近混凝土面较大的蜂窝、孔洞，采用高一级强度等级且黏结力强的材料压填修补；对探明混凝土中深层且较大的蜂窝、孔洞，可钻孔埋设压浆管、排气排浆管，进行水泥压浆处理。

（4）对埋件、止水、预留孔洞模板、钢筋较密或接头较多的复杂部位，浇筑混凝土时，可浇筑同强度等级、低级配、较大坍落度的混凝土拌合物；在不影响埋件、预留孔洞模板的情况下，加强对混凝土拌合物的机械和人工振捣。

7.1.5 模板安装

1. 问题描述

（1）模板和支架结构不牢固，发生变形。

（2）混凝土外形尺寸或表面平整度不满足设计要求。

2. 主要原因

（1）未对模板和支架进行强度、刚度和稳定性分析。

（2）荷载组合有误或未明确提出施工工序等控制要求。

（3）未按设计要求组织施工，混凝土浇筑方式、顺序和浇筑速度等失控。

（4）浇筑过程中，未及时对模板及支架结构进行检查和监控。

3. 防治措施要点

（1）应按照规范要求对模板和支架进行强度、刚度和稳定性分析，并明确提出施工工序等控制要求。

（2）应严格按照模板设计要求组织施工。

（3）加强监管力度。

7.1.6　预埋件止水安装

1. 问题描述

混凝土浇筑中，保护或施工不当，致使止水、埋件错位变形。

2. 主要原因

（1）止水保护水平较低，止水受外力挤压、碰撞、模板变形移位，托架或固定装置设置较少；固定在模板上的止水由于模板移位变形而错位变形。

（2）水平止水或曲面止水下部混凝土填充不饱满或振捣不密实，受上部混凝土浇筑时的重力及振捣影响，止水移位、变形，造成止水失效。

（3）埋件的插筋等固定装置刚度达不到要求或固定不牢靠；管路等空心埋件未支撑或固定不牢靠，受混凝土的压力、浮力作用而变形或浮起。

3. 防治措施要点

（1）止水的固定装置应统一制作，安装后注意保护；混凝土浇筑过程中严禁浇筑设备挤压、碰撞止水和止水的固定装置；禁止浇筑人员踩踏止水和止水的固定装置；发现止水、止水的固定装置变形或移位应立即纠正。

（2）水平止水或曲面止水下部混凝土填充要饱满且振捣密实；振捣器不易使用的部位，应辅以人工填料并捣至密实。

（3）埋件的插筋等固定装置应固定牢靠，浇筑混凝土中，应适时对埋件的位置进行测量检测；管路等空心埋件应考虑混凝土的压力、浮力的影响。

7.1.7 混凝土分期浇筑

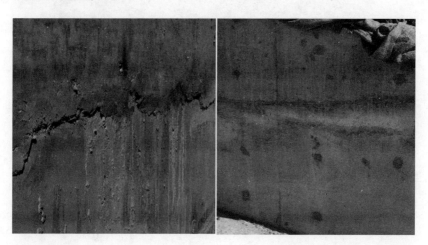

1. 问题描述

混凝土浇筑间歇时间过长，混凝土拌合物已不能重塑，先、后浇筑的混凝土层面间形成冷缝。

2. 主要原因

（1）混凝土浇筑中，未在允许的间隔时间内按时完成平仓振捣。

（2）先浇混凝土拌合物已终凝、未采取措施和进行处理，就覆盖了新混凝土拌合物。

3. 防治措施要点

（1）根据施工情况，调整混凝土配合比，适量掺入缓凝剂、混合材等，延长允许间隔时间。

（2）间隔时间较长时，必须在老混凝土层面处理后，再铺筑新混凝土。

（3）由于大面积初凝会造成施工冷缝，影响结构物的整体性、耐久性，易漏水等，且不易处理好，规定能重塑者，可继续浇筑。混凝土能重塑的标准是，将混凝土用振捣器振捣 30s，振捣器周围 10cm 内能泛浆且振捣器拔出时不留孔洞。混凝土的允许间歇时间为自从拌和楼出料时起到覆盖上层混凝土时为止。

7.1.8　土工织物

1. 问题描述

土工膜中存在顶破、穿刺、擦伤、撕破、撕裂或老化等。

2. 主要原因

（1）土工膜的厚度、力学性指标和耐久性不符合设计要求；包装、运输、存储不符合规范要求；存放期超过产品的有效期。

（2）土工膜下的垫层表面凹凸不平；土工膜铺设不够平整，受力不均；土工膜被膜下或膜上块石、渣土等顶破损伤。

（3）场地留有尖角杂物，土工膜与不规则刚性材料接触。

3. 防治措施要点

（1）使用合格的土工膜并按规范要求包装、运输和存储。

（2）在土工膜的下面设置砾石、碎石或砂垫层，铺设垫层前，将基土表面压实，修整平顺，清除杂物。

（3）土工膜铺设前进行试铺，一般从一端向另一端进行，先铺填端部，后中部，端部必须精心铺设并锚固，松紧适度。

（4）加强管理，防止施工破坏，及时回填保护。

7.1.9　建筑物结合部位

1. 问题描述

填筑体与刚性建筑物结合部发生接触渗透破坏。

2. 主要原因

（1）填筑体与刚性建筑物的接触面未完全按规范要求进行清理。

（2）岩面、混凝土表面洒水或刷浆不符合施工规范要求。

（3）结合部未采用高塑性土料填筑。

（4）结合部土石方填筑的铺料厚度、压实机具、碾压方法不符合施工规范要求。

3. 防治措施要点

（1）填筑施工前，应清除混凝土表面的乳皮、粉尘、油毡及污迹。

（2）基础区的断层、破碎带及地下水溢出的区域，可使用喷射混凝土封闭或先填筑反滤料，再填过渡料找平的方法处理。

（3）边坡基础面，应对坑、陡坎、反坡等不良地形进行填补混凝土，浆砌块石等方法修整，使之达到合适的坡度。

（4）在岩石及混凝土附近填筑土料，应先洒水湿润，边涂料、边铺土、边夯实，严禁在泥浆干固后或水泥浆初凝后铺土碾压。

（5）在岩石岸坡或混凝土附近宽度 1.5～2.0m 的范围内，应以较薄铺土厚度进行土料填筑，并使填筑面平衡上升，应以小型机具进行压实。

（6）结合部的填筑应单独取样检测。

7.2 常见安全问题及防治措施

7.2.1 围挡防护

1. 问题描述

施工便道未设置围挡护栏，两侧临边防护不牢固。

2. 防治措施要点

（1）施工单位应在施工现场的临边、洞（孔）、井、坑、升降口、漏斗口等危险处，设置围栏或盖板。

（2）施工单位在高处施工通道的临边必须设置安全护栏；临空边沿下方需要作业或用作通道时，安全护栏底部应设置高度不低于 0.2m 的挡脚板。

（3）防护栏杆应由上下两道钢管横杆及钢管栏杆柱组成，上杆距离地高度 1.2m，下杆距离地高度 0.6m，栏杆下边设置高度不低于 18cm 的挡脚板，挡脚板下边距离地面的孔隙不应大于 10mm，夜间应设红色标志灯。

7.2.2　现场临时用电

1. 安全问题

（1）现场临时用电未实现三级配电，配电箱私拉乱接、无接地。

（2）用电设备未设置开关箱，电锯无防护罩。

（3）配电箱未上锁。

（4）木工加工区未设置消防设施。

2. 防治措施要点

（1）配电系统应设置配电柜或总配电箱、分配电箱、开关箱，实行三级配电。

（2）每台用电设备必须有各自专用的开关箱，严禁用同一个开关箱直接控制2台及2台以上用电设备（含插座）。

（3）配电箱、开关箱应配锁、安全标志、编号齐全，安装位置恰当、整齐，方便操作，周围无杂物。箱内电器设施完整、有效，参数与设备匹配，配电布置合理，并有标记。

（4）配电箱、开关箱的电源进线端严禁采用插头和插座活动连接。

（5）箱体采用金属箱，底板用绝缘板或金属板，不允许用木板。配电箱的电器安装板上必须分设 N 线端子板和 PE 线端子板。N 线端子板必须与金属电器安装板绝缘；PE 线端子板必须与金属电器安装板做电气连接。进出线中的 N 线必须通过 N 线端子板连接；PE 线必须通过 PE 线端子板连接。

（6）木工加工区应配备足量有效的消防器材。

7.2.3　脚手架作业

1. 安全问题

（1）现场作业人员没按要求佩戴安全带，高空作业未佩戴安全绳。

（2）未按规范设置脚手架，脚手架立杆悬空，脚手架未设置剪刀撑。

（3）工地现场混乱。

2. 防治措施要点

（1）作业人员应持证上岗，正确佩戴安全帽，高处作业人员应同时系挂安全带和安全绳。

（2）应按照规范要求设置剪刀撑，每道剪刀撑的宽度应为 4~6 跨，且不应小于 6m，也不应大于 9m；剪刀撑斜杆与水平面的倾角应为 45°~60°。

（3）按要求设置连墙拉结点：高度在 50m 及以下的双排架和高度在 24m 及以下的单排架，每根连墙杆覆盖面积不大于 40m²，高度在 50m 以上的双排架每根连墙杆覆盖面积不大于 27m²。

（4）步距、纵距、横距和立杆垂直度搭设误差符合规范要求；不同步、不同跨相邻立杆、纵向水平杆接头须错开不小于 500mm，除顶层顶步外，其余接头必须采用对接扣件连接。

（5）脚手板对接接头外伸长度 130~150mm，脚手板搭接接头长度应大于 200mm，脚手板固定可靠。

（6）斜道两侧及平台外围搭设不低于 1.2m 高的防护栏杆和 180mm 的挡脚板并用密目安全网防护。

7.2.4 高处作业

1. 安全问题

（1）高支模上作业空间不足，且未做临边防护。

（2）高支模未设置专门的爬梯。

（3）钢管立柱底部未设垫木和底座，施工现场材料摆放混乱。

2. 防治措施要点

（1）钢管规格、间距、扣件应符合设计要求。每根立柱底部应设置底座及垫板，垫板厚度不得小于50mm。

（2）高支模施工现场应搭设工作梯、作业人员不得爬支模上下。

（3）高支模上高空临边有足够操作平台和安全防护，作业面临边防护及孔洞封严措施应到位，垂直交叉作业上下应有隔离防护措施。

7.2.5 基坑作业

1. 安全问题

（1）基坑作业边坡未进行防护，基坑内施工人员未按要求佩戴安全帽。

（2）施工单位在深基坑作业时未按要求放坡，未清理坡面不稳定土方，存在安全隐患。

2. 防治措施要点

（1）施工单位进行高边坡或深基坑作业时，应按要求放坡，自上而下清理坡顶和坡面松碴、危石、不稳定体；垂直交叉作业应采取隔离防护措施，或错开作业时间；应安排专人监护、巡视检查，并及时分析、反馈监护信息；作业人员上下高边坡、深基坑应走专用通道。

（2）土方沟槽开挖，最大危险为土壁坍塌，将作业人员埋入，为防止土壁坍塌，应设置可靠的挡土护栏和护壁支撑。护壁支撑的形式一般有水平支撑、垂直支撑、锚拉支撑、斜柱支撑、挡土墙支撑等。护壁支撑不得使用糟、朽、断、裂的材料。

（3）施工单位进行高边坡或深基坑作业时，基坑内作业人员应正确佩戴安全帽。

附录 A 质量安全监督工作主要流程

附录 A.1 质量安全监督程序性工作及时间节点

序号	监督工作事项	工作程序	时间节点	项目法人提报资料	办理结果	备注
1	办理质量监督手续	1. 审查水利工程建设质量安全监督申请书及相关材料； 2. 审核质量安全监督申请相关材料； 3. 与项目法人单位共同签署工程质量安全监督书	工程开工前	1. 水利工程建设质量安全监督申请书； 2. 项目法人单位设立文件、工程建设审批文件（初步设计/实施方案批复）； 3. 项目法人与代建、监理、设计、施工（含设备供应）、第三方检测等单位签订的合同副本； 4. 水利工程建设质量与安全监督备案登记表； 5. 各参建单位项目负责人法定代表人授权书及工程质量终身责任承诺书； 6. 危险性较大的单项工程清单和安全生产管理措施； 7. 水利工程建设质量安全监督书（初稿）	质量安全监督机构与项目法人单位共同签署的《水利工程建设质量安全监督书》	第 2 项若前期通过招标备案等程序获取，则不需要项目法人重复提供

续表

序号	监督工作事项	工作程序	时间节点	项目法人提报资料	办理结果	备注
2	组建项目站并制订监督计划	1. 明确质量监督站组成人员； 2. 制订质量监督工作计划，明确监督组织形式、监督任务、工作方式、工作重点等内容； 3. 印发文件	开工初期	无	质量安全监督机构《关于成立工程质量安全监督项目站的通知》（随文下发监督计划）	
3	组织监督工作交底	1. 编制工程《质量安全监督事项告知书》； 2. 组织参加监督交底文件	第一次工地会议	邀请监督机构参加第一次工地会议	参建各方人员签字的《工程质量安全监督交底记录》	
4	确认工程项目划分	1. 审查项目法人提交的项目划分文件； 2. 14个工作日内审核完成，印发项目划分确认意见	质量安全监督书签署后，主体工程开工前	1. 项目划分申请文件； 2. 项目划分说明（明确主要单位、主要分部、重要隐蔽和关键部位单元工程）	质量安全监督机构印发《工程项目划分确认意见的函》	实施中，如有调整变化，应重新确认
5	核备确认质量评定标准	1. 受理项目法人提交的质量评定标准； 2. 审核项目相关质量评定标准； 3. 确认核备质量评定标准	相应工程开工前	1. 工程质量评定标准核备确认的申请文件； 2. 枢纽工程水工建筑物外观质量评定标准； 3. 《水利水电工程施工质量检验与评定规程》（SL 176—2007）中未列出的项目外观质量评定标准及标准； 4. 临时工程质量检验及评定标准； 5. 《水利水电工程单元工程施工质量验收评定标准》（SL 631—2012～SL 639—2012）中未涉及的单元工程质量评定标准	质量安全监督机构印发《核备确认工程质量评定标准的函》	实施中，如有调整变化，应重新确认。也可视情分阶段报送

续表

序号	监督工作事项	工作程序	时间节点	项目法人提报资料	办理结果	备注
6	质量检测方案备案审核	1. 项目法人报送质量检测方案；2. 形式审查质量检测方案；3. 签发备案	1. 第三方检测方案于主体工程开工前报送；2. 竣工验收检测方案于竣工验收前报送	1. 经检测单位、项目法人签认的检测方案备案（审核）表；2. 第三方检测方案/竣工验收检测方案	质量监督机构签认的检测方案备案（审核）表	是否进行竣工验收检测由竣工验收主持单位决定
7	保证安全生产的措施方案备案	1. 项目法人报送措施方案；2. 形式审核措施方案；3. 签署安全生产方案备案表	开工之日起15日内	1. 保证安全生产的措施方案；2. 项目法人签署的安全生产方案备案表	监督机构签章的安全生产方案备案表	
8	拆除或爆破工程施工备案	1. 项目法人报送拆除或爆破施工资料；2. 形式审查施工资料；3. 签署安全生产方案备案表	拆除或爆破施工工程施工15日前	1. 施工单位资质等级证明、爆破人员资格证书；2. 拟拆除或爆破的工程及可能危及邻近建筑物的说明；3. 施工组织方案；4. 堆放、清除废弃物的措施；5. 生产安全事故的应急救援预案；6. 项目法人签署的安全生产方案备案表	监督机构的安全生产方案备案表	
9	重大事故隐患排查治理情况备案	1. 项目法人报送重大隐患治理方案资料；2. 形式审查相关资料；3. 签署安全生产方案备案表	发现后及时报送	1. 重大安全事故隐患治理方案；2. 生产安全事故隐患排查报告表；3. 项目法人签署的安全生产方案备案表	监督机构签章的安全生产方案备案表	项目法人应于每月5日前（纳入施工质量月报），每季度第一个月15日前和次年1月31日前，将上月、季、年度隐患排查治理情况统计分析报送监督机构备案
		1. 项目法人报送重大事故隐患治理情况资料；2. 形式审查相关资料；3. 签署安全生产方案备案表	治理完成后及时报送	1. 重大事故隐患治理情况验证和效果评估表；2. 项目法人签署的安全生产方案备案表	监督机构签章的安全生产方案备案表	

续表

序号	监督工作事项	工作程序	时间节点	项目法人提报资料	办理结果	备注
10	重大危险源辨识和安全评估结果报案表	1. 项目法人报送重大危险源清单； 2. 形式审查相关资料； 3. 签署安全生产方案表	主体开工前报送；施工期间根据辨识和评估结果更新报送	1. 重大危险源清单； 2. 项目法人签署的安全生产方案备案表	监督机构签章的安全生产方案备案表	
11	项目生产安全事故应急救援预案、专项应急预案备案	1. 项目法人报送相关资料； 2. 形式审查相关资料； 3. 签署安全生产方案表	开工之日起15个工作日内	1. 项目生产安全事故应急救援预案、专项预案； 2. 项目法人签署的安全生产方案备案表	监督机构签章的安全生产方案备案表	
12	施工质量安全情况汇总分析结果	- 项目法人报送相关资料	月报	1. 施工质量安全控制情况报告； 2. 第三方检测质量检验结果； 3. 安全隐患排查情况	无	
13	质量缺陷备案	1. 项目法人报送质量缺陷备案申请及相关资料； 2. 形式审查质量缺陷备案表； 3. 签发备案意见	质量缺陷处理完成后及时报送	1. 质量缺陷备案表； 2. 相关材料（质量缺陷处理验收记录、现场照片等）	监督机构签章的质量缺陷备案表	
14	列席重要隐蔽（关键部位）单元工程验收	项目法人组织重要隐蔽（关键部位）单元工程验收，提前2个工作日通知监督机构列席	验收当日	无	对所列席的法人验收质量监督意见	
15	核备重要隐蔽和关键部位单元工程质量结论	1. 项目法人报送重要隐蔽（关键部位）单元工程质量结论、核备申请及有关资料； 2. 形式审查相关资料； 3. 签署核备意见	验收通过之日后10个工作日内	1. 重要隐蔽（关键部位）单元工程质量备案表； 2. 附录 M.1 附件所列材料	监督机构签署意见的重要隐蔽（关键部位）单元工程质量备案表	

50

续表

序号	监督工作事项	工作程序	时间节点	项目法人提报资料	办理结果	备注
16	列席大型枢纽工程、主要建筑物的分部工程验收	项目法人组织大型枢纽工程、主要建筑物的分部工程验收，提前 5 个工作日通知监督机构列席	验收当日	无	对所列席的法人验收质量监督意见	
17	核备分部工程质量结论	1. 项目法人报送分部工程质量结论申请及有关资料； 2. 形式审查相关资料； 3. 签署核备意见	验收通过之日后 10 个工作日内	1. 分部工程质量评定表； 2. 附录 M.2 附件所列材料	监督机构签署意见的分部工程质量评定表	
18	列席项目法人组织的单位工程验收、工程阶段验收	项目法人组织的单位工程验收、工程阶段验收通知监督机构列席	验收当日	无	对所列席的法人验收质量监督意见	
19	核备单位工程及外观质量评定结论	1. 项目法人报送单位工程及外观质量结论申请及有关资料； 2. 形式审查相关资料； 3. 签署核备意见	验收通过之日后 10 个工作日内	1. 单位工程质量评定表（单位工程外观质量评定表）； 2. 附录 M.3 附件所列材料	监督机构签署意见的单位工程质量评定表（单位工程外观质量评定表）	
20	列席工程竣工验收自查会议	组织工程竣工验收自查会议，提前 10 个工作日通知监督机构列席	验收当日	无	对所列席的法人验收质量监督意见	
21	核备工程项目质量结论	1. 项目法人报送项目质量结论资料； 2. 形式审查相关资料； 3. 签署核备意见	完成竣工验收自查工作之日起 10 个工作日内	1. 工程项目质量评定表； 2. 项目竣工验收自查报告	监督机构签署意见的工程项目质量评定表	
22	参加阶段验收	项目法人在 10 个工作日前，提前 10 个工作日通知监督机构参加	验收当日	1. 提供各参建单位验收工作报告； 2. 提供阶段验收鉴定书初稿	1. 参加阶段验收工作； 2. 提交质量监督报告	

续表

序号	监督工作事项	工作程序	时间节点	项目法人提报资料	办理结果	备注
23	参加竣工验收	项目法人在参加竣工验收前，提前10个工作日通知质量监督机构参加	验收当日	1. 提供各参建单位验收工作报告；2. 提交竣工验收鉴定书初稿	1. 参加竣工验收；2. 提交质量工作监督报告	
24	受理质量安全举报投诉	1. 受理质量安全投诉举报；2. 及时进行调查处理；3. 形成调查处理工作报告并及时反馈投诉人	收到投诉举报后	根据投诉举报情况，视情要求项目法人及各参建单位提供相应资料，并开展现场核查工作	出具质量投诉处理结果	
25	质量安全事故处理	1. 项目法人及时报告质量安全事故；2. 参与质量安全事故处理	发生质量安全事故	根据相关规定需要项目法人及各参建单位提供相关事故调查处理资料	根据管理权限，由相关部门出具事故调查处理报告	
26	建立监督档案	—	工程建设全过程	无	质量安全监督工作档案	

附录 A.2　质量监督检查及时间节点

序号	事项内容	监督机构			项目法人		
		工作内容	工作时间节点	监督方式	工作内容	工作时间节点	
1	复核质量责任主体资质	1. 全面复核各参建单位资质（营业执照、资质证书、施工单位的安全生产许可证、检验检测机构资质认定证书等）；2. 下发检查整改通知，建立问题台账；3. 跟踪落实整改、建立整改台账	1. 合同项目开工初期开展检查；2. 检查后5个工作日下发检查整改通知	主动开展	1. 根据检查整改通知，组织各参建单位在规定时限内，落实整改要求；2. 报送各参建单位落实整改要求的有关资料	收到检查整改通知、按文件规定时间报送整改资料	

续表

序号	事项内容	监督机构			项目法人	
		工作内容	工作时间节点	监督方式	工作内容	工作时间节点
2	检查或复核质量与安全责任主体的质量与安全管理体系建立情况	1. 全面检查各参建单位质量管理体系建立情况（组织机构、主要管理人员配备、到位及变更情况，质量管理制度建立情况等）； 2. 下发检查整改通知、建立问题台账； 3. 跟踪落实整改、建立整改台账	1. 开工初期开展检查，开工后建设高峰期每年检查或复核； 2. 检查后5个工作日下发检查整改通知	主动开展	1. 根据检查整改通知，组织各参建单位在规定时限内，落实整改要求； 2. 报送各参建单位落实整改要求的有关资料	收到检查整改通知，按规定时间报送整改资料
3	检查质量与安全责任主体的质量与安全管理体系运行情况	1. 监督检查各参建单位质量管理体系运行情况（涉及各参建单位质量行为和工程实体质量）； 2. 下发检查整改通知、建立问题台账； 3. 跟踪落实整改、建立整改台账	1. 施工高峰期适时开展（每年不少于2次）； 2. 检查后5个工作日下发检查整改通知	主动开展	1. 根据检查整改通知，组织各参建单位在规定时限内，落实整改要求； 2. 报送各参建单位落实整改要求的有关资料	收到检查整改通知，按规定时间报送整改资料
4	实体质量检查	1. 根据工程建设情况和监督需要开展质量抽样检测（主体工程或影响工程结构安全的部位的原材料、中间产品和工程实体）； 2. 根据检测结果，下发检查整改通知，建立问题台账； 3. 跟踪落实整改、建立整改台账	1. 主体工程施工适时开展（原则上一年不少于1次）； 2. 检查后5个工作日下发检查整改通知和整改	主动开展	1. 根据检查整改通知，组织各参建单位在规定时限内，落实整改要求； 2. 报送各参建单位落实整改要求的有关资料；不具备质量监督检测条件时，可主要采取第三方检测数据为依据，现场开展回弹测量等检测相结合	收到检查整改通知，按规定时间报送整改资料

注 各项检查并非完全独立，部分检查事项可一并进行，提倡同步部署开展多项检查活动。

附录 B　质量安全监督手续办理

附录 B.1　水利工程建设质量安全监督申请书

×××水利工程建设质量与安全监督站：

（介绍项目的基本情况、初期工作进展情况、开工准备情况。）

根据《建设工程质量管理条例》（国务院令第 714 号）、《水利工程质量管理规定》（水利部令第 52 号）、《水利工程建设安全管理规定》（水利部令第 50 号）、《水利工程建设项目管理规定（试行）》（水建〔1995〕128 号）、《水利工程建设项目法人管理指导意见》（水建〔2020〕258 号）、《水利工程质量监督管理规定》（水建〔1997〕339 号）等有关规定，现申请（工程项目名称）的质量安全监督，并承诺对申请材料实质内容的真实性负责，请予办理。

附件：

1. 项目法人单位设立文件

2. 工程建设审批文件（初步设计/实施方案批复）

3. 项目法人与代建、监理、设计、施工（含设备供应）、第三方检测等单位签订的合同副本

4. 水利工程建设质量安全监督备案登记表

5. 各参建单位项目负责人法定代表人授权书及工程质量终身责任承诺书

6. 危险性较大的单项工程清单和安全生产管理措施

联系人：

电话：

项目法人（盖章）

年　　月　　日

附录 B.2　水利工程建设质量安全监督备案登记表

工程名称：

项目法人（盖章）

法定代表人签字：

（报送类型：初次报送□　　　　　　　　补充、变更报送□）

年　　月　　日

填 写 说 明

一、本表由项目法人负责填报。

二、本表除签名外应使用计算机打印。

三、申请人须按本表要求逐项填报有关内容，各项内容可加附页。

四、工程建设内容、各参建单位及主要负责人等发生变化的，应将相应信息进行变更，重新报送本表并附变更支撑材料。

五、本表一式三份，提交监督机构一份（若有多个监督机构则应视情况增加），项目法人留存两份。

工程名称				
主管部门			建设地点	
初步设计（实施方案）报告	批准机关			
	批准日期			
	批准文件			
	批复工期			
计划开工日期			计划竣工日期	
主要建设内容				
主要工程量	土石方		万 m³	混凝土及钢筋混凝土　万 m³
	机电金结			其他
总投资		万元	建安工程量	万元
质量目标				
安全目标				
工程概况				
工程建设工期安排				

续表

项目法人单位	单位名称			
	地址			
	法定代表人			
	项目负责人		电话	
	项目技术负责人		职称	
	项目质量负责人		项目安全负责人	
勘察、设计单位（若为多家单位，应分别填写）	单位名称			
	资质等级			
	地址			
	法定代表人			
	项目负责人		电话	
	项目主设人员		现场设计代表（地质工程师单独标准）	（数量根据实际情况填写）
监理单位（若为多家单位，应分别填写）	单位名称			
	资质等级			
	地址			
	法定代表人			
	项目总监		电话	
	项目安全负责人		项目监理工程师	
	项目监理工程师		项目监理工程师	（数量根据实际情况填写）
	负责的施工标段			
施工单位（标段）（若为多家单位，应分别填写）	单位名称			
	资质等级		安全生产许可证号	
	地址			
	法定代表人			
	项目经理		电话	
	项目技术负责人		项目质检员	
	项目安全员		项目资料员	
	项目施工员		项目材料员	（数量根据实际情况填写）
	特种作业人员	（工种）姓名	特种作业人员	（数量根据实际情况填写）
	承建主要内容			

续表

金属结构制造单位 （根据实际情况 填写）	单位名称		
	生产许可证编号	允许生产设备 品类及级别	
	地址		
	法定代表人		
	项目负责人	电话	
	制造主要内容		
	制造工程量		
机电设备制造单位 （根据实际情况 填写）	单位名称		
	生产许可证编号	允许生产设备 品类及级别	
	地址		
	法定代表人		
	项目负责人	电话	
	设备制造主要内容		
	制造工程量		
第三方质量 检测单位	单位名称		
	资质等级		
	地址		
	法定代表人		
	项目负责人	电话	

注　工程建设中如有多家施工单位（或设备安装单位）等需按标段填写，并注明所承担的标段名称；相关信息应根据工程实际情况增删。

附录 B.3　项目负责人的法定代表人授权书及工程质量 终身责任承诺书

B.3.1　法定代表人授权书

（式样）

授权单位：

注册地址：

兹授权我单位＿＿＿＿＿＿同志为＿＿＿＿＿＿＿＿＿＿＿＿＿＿＿＿＿＿＿＿＿工程项目负责人，对该项目的＿＿＿＿＿＿＿＿＿＿＿＿＿＿＿＿＿＿＿＿工作承担质量终身责任。

本授权自签发之日起生效。

授权单位：＿＿＿＿＿＿（盖章）＿＿＿＿　法定代表人：＿＿＿＿（签字、盖章）＿＿＿＿

项目负责人：＿＿（签字、盖执业资格章）＿＿＿＿

身份证号：＿＿＿＿＿＿＿＿＿＿＿＿＿＿＿＿＿＿＿

签发日期：＿＿＿年＿＿＿月＿＿＿日

　　本承诺书一式五份，一份授权单位留存，一份提交给工程质量监督机构备案，三份由建设单位纳入工程质量终身责任信息档案。

B. 3. 2 工程质量终身责任承诺书

（式样）

本人（姓名）_____担任（工程名称）_____工程项目的（建设单位、代建单位、勘察单位、设计单位、施工单位、监理单位、检测单位）项目负责人，对该工程项目的（建设、代建、勘察、设计、施工、监理、检测）工作实施组织管理。本人承诺严格依据国家有关法律法规及标准规范履行职责，并对合理使用年限内的工程质量承担相应终身责任。

承诺人签字：_____

身份证号：_____

注册执业资格：_____

注册执业证号：_____

签字日期：_____年____月____日

附录 B.4 危险性较大的单项工程清单

和安全生产管理措施（样表）

工程名称	如涉及请在括号内打√	单项工程名称（部位）	特性描述	施工单位	管理措施要点（大体描述安全生产落实情况，包括责任、措施、资金、时限、预案）
一、达到一定规模的危险性较大的单项工程清单					
（一）基坑支护、降水工程					
开挖深度达到 3（含）～5m 或虽未超过 3m 但地质条件和周边环境复杂的基坑（槽）支护、降水工程	（ ）				
（二）土方和石方开挖工程					
开挖深度达到 3（含）～5m 的基坑（槽）的土方和石方开挖工程	（ ）				
（三）模板工程及支撑体系					
1. 大模板等工具式模板工程	（ ）				
2. 混凝土模板支撑工程：搭设高度 5（含）～8m 的；搭设跨度 10（含）～18m；施工总荷载 10（含）～15kN/m²；集中线荷载 10（含）～20kN/m；高度大于支撑水平投影宽度且相对独立无联系构件的混凝土模板支撑工程	（ ）				
3. 承重支撑体系：用于钢结构安装等满堂支撑体系	（ ）				
（四）起重吊装及安装拆卸工程					
1. 采用非常规起重设备、方法，且单件起吊重量在 10（含）～100kN 的起重吊装工程	（ ）				
2. 采用起重机械进行安装的工程	（ ）				

续表

工程名称	如涉及请在括号内打√	单项工程名称（部位）	特性描述	施工单位	管理措施要点（大体描述安全生产落实情况，包括责任、措施、资金、时限、预案）
3. 起重机械设备自身的安装、拆卸	（ ）				
（五）脚手架工程					
1. 搭设高度 24（含）～50m 的落地式钢管脚手架工程	（ ）				
2. 附着式整体和分片提升脚手架工程	（ ）				
3. 悬挑式脚手架工程	（ ）				
4. 吊篮脚手架工程	（ ）				
5. 自制卸料平台、移动操作平台工程	（ ）				
6. 新型及异型脚手架工程	（ ）				
（六）拆除、爆破工程	（ ）				
（七）围堰工程	（ ）				
（八）水上作业工程	（ ）				
（九）沉井工程	（ ）				
（十）临时用电工程	（ ）				
（十一）其他危险性较大的工程	（ ）				
二、超过一定规模的危险性较大的单项工程清单					
（一）深基坑工程					
1. 开挖深度超过 5m（含 5m）的基坑（槽）的土方开挖、支护、降水工程	（ ）				
2. 开挖深度虽未超过 5m，但地质条件、周围环境和地下管线复杂，或影响毗邻建筑（构筑）物安全的基坑（槽）的土方开挖、支护、降水工程	（ ）				

续表

工程名称	如涉及请在括号内打√	单项工程名称（部位）	特性描述	施工单位	管理措施要点（大体描述安全生产落实情况，包括责任、措施、资金、时限、预案）
（二）模板工程及支撑体系					
1. 工具式模板工程：滑模、爬模、飞模工程	（　）				
2. 混凝土模板支撑工程：搭设高度 8m 及以上；搭设跨度 18m 及以上，施工总荷载 15kN/m² 及以上；集中线荷载 20kN/m 及以上	（　）				
3. 承重支撑体系：用于钢结构安装等满堂支撑体系，承受单点集中荷载 700kg 以上	（　）				
（三）起重吊装及安装拆卸工程					
1. 采用非常规起重设备、方法，且单件起吊重量在 100kN 及以上的起重吊装工程	（　）				
2. 起重量 300kN 及以上的起重设备安装工程；高度 200m 及以上内爬起重设备的拆除工程	（　）				
（四）脚手架工程					
1. 搭设高度 50m 及以上落地式钢管脚手架工程	（　）				
2. 提升高度 150m 及以上附着式整体和分片提升脚手架工程	（　）				
3. 架体高度 20m 及以上悬挑式脚手架工程	（　）				
（五）拆除、爆破工程					
1. 采用爆破拆除的工程	（　）				
2. 可能影响行人、交通、电力设施、通信设施或其他建、构筑物安全的拆除工程	（　）				

续表

工程名称	如涉及请在括号内打√	单项工程名称（部位）	特性描述	施工单位	管理措施要点（大体描述安全生产落实情况，包括责任、措施、资金、时限、预案）
3. 文物保护建筑、优秀历史建筑或历史文化风貌区控制范围的拆除工程	（　）				
（六）其他					
1. 开挖深度超过 16m 的人工挖孔桩工程	（　）				
2. 地下暗挖工程、顶管工程、水下作业工程	（　）				
3. 采用新技术、新工艺、新材料、新设备及尚无相关技术标准的危险性较大的分部分项工程	（　）				
其他情况请附件书面说明	（　）				

在上述危险性较大的单项工程施工前，我单位承诺将督促施工单位、监理单位按照有关规程规范要求编制专项方案、组织专家论证、建立危险性较大的单项工程安全管理制度，并督促其按确定的方案施工。

项目法人（盖章）

项目技术负责人（签字）：

年　　月　　日

注　工程项目应结合实际填写，未列入的项目可增加。

附录 B.5　水利工程建设质量安全监督书

编号：×水质安（××××）第××××号

水利工程建设质量安全监督书

工程名称：＿＿＿＿＿＿＿＿＿＿＿＿＿＿＿＿＿＿＿＿

项目法人：＿＿＿＿＿＿＿＿＿＿＿＿＿＿＿＿＿＿＿＿

监督机构：＿＿＿＿＿＿＿＿＿＿＿＿＿＿＿＿＿＿＿＿

滨州市水利工程建设质量与安全监督站制

填 写 说 明

一、水利工程质量与安全监督是水利工程质量与安全监督机构根据水行政主管部门的授权，履行政府部门监督职能，对水利工程质量与安全进行的强制性监督管理，该监督管理不代替项目法人、监理、勘测设计、施工等单位的质量与安全管理工作。

二、工程概况栏应填写项目的立项初设审批情况、工程主要建设内容等。

三、工程建设工期安排栏应填写总工期施工计划、年度施工计划和工程验收计划等。

四、本监督书除签名外应计算机打印。

工程名称				建设地点	
主管部门					
项目法人	名称				
	法人代表		项目负责人		联系电话
勘察设计单位			资质等级		
监理单位			资质等级		
施工单位			资质等级		
第三方检测单位			资质等级		
初设批复概算总投资	万元		建安工作量	万元	
主要实物工程量	土方：　　　　万 m³ 石方：　　　　万 m³ 混凝土及钢筋混凝土：　　　　m³ 其他：				
批复工期					
计划开工时间			计划竣工时间		
质量目标					
安全目标					

续表

工程概况	

工程建设 工期安排	（应具体到月，逐月分解工程工期安排；明确工程单位验收、阶段验收、竣工验收等计划时间）

续表

　　根据国家、山东省有关规定，_____（项目法人）接受_____（质量安全监督机构）对_____（工程名称）建设进行质量安全监督。

　　附件：水利工程质量安全监督申请书

　　项目法人（盖章）

　　项目法人代表（签字）：

　　日　　期：

　　_____（质量安全监督机构）对本工程进行质量安全监督，履行质量安全监督职责。负责具体日常监督管理，制订监督计划，办理项目划分确认、保证安全生产措施方案备案等手续，定期出具监督检查意见，列席主要分部、单位工程等法人验收会议，核备项目质量等级，参与政府验收会议，提交质量安全监督报告。

　　质量监督机构（盖章）

　　质量监督机构负责人（签字）：

　　日　　期：

附录 C 关于成立工程质量安全监督项目站的通知

关于成立_____工程质量安全监督项目站的通知

项目法人：

　　为加强_____工程建设质量安全监督工作，强化参建各方工程质量安全管理体系和行为，根据国家和省、市有关水利工程建设质量安全管理的规定，经研究决定，成立"_____工程质量安全监督项目站"，负责该工程建设的质量监督工作。

　　站　　长：×××

　　副站长：×××

　　成　　员：×××

　　结合本工程的施工内容及施工总进度安排，<u>水利工程建设质量安全监督机构</u>制订了监督工作计划，现随文下发。请组织各参建单位根据监督计划的要求做好工程质量安全管理的相关工作，切实履行好质量安全责任。为提高监督工作实效，本计划在执行过程中，根据工程的实际进展情况，可作相应调整。

　　附件：_____工程质量安全监督工作计划

水利工程建设质量安全监督机构（盖章）

年　　月　　日

附件：

_____工程质量安全监督工作计划

为保证质量安全监督工作的顺利实施，使监督工作开展有序，明确责任和任务，依据水利工程建设质量安全监督管理相关规定，水利工程建设质量监督机构制订质量安全监督工作计划如下。

一、基本情况

包括工程项目名称、参建单位、工程批复情况、工程规模等别、主要技术指标、主要建设内容、投资、工期等。

二、编制依据

本工程建设有关的法律、法规、强制性标准、合同、设计文件等。

三、监督期限

监督期限为从工程开工前办理监督手续始，到工程竣工验收止（含合同质量保修期）。

四、监督工作目标

明确质量安全监督工作目标，一次验收合格率100％、不发生安全生产事故等目标（根据具体工程编写）。

五、监督工作方式

根据建设项目的工程等级、工程规模及监督能力，明确以抽查（或驻点监督）为主的主要监督形式，包括检查工程质量安全行为、调取工程档案资料、开展工程现场检查、检查工程实体质量等内容，明确工程质量监督主要工作流程及频次和时间安排。

六、监督的具体内容

监督的工作任务主要包括确认工程项目划分，确认或核备质量评定标准，备案保证安全生产措施方案；核备工程质量结论；列席项目法人组织的验收；编写工程质量安全监督报告，参加项目主管部门主持或委托有关部门主持的验收；受理质量安全举报投诉，参与质量安全问题处理、质量安全事故调查；建立监督档案等。

开展质量与安全（质量安全管理体系建立和运行情况、技术标准、实体质量等）监督检查，对监督检查的问题，建立问题台账，跟踪落实问题整改，并向相关项目主管部门提出责任追究的建议；发现严重质量与安全问题时，及时报送相关项目主管部门。

　　施工初期监督重点围绕各参建单位主体质量安全管理体系建立，施工高峰期重点监督各参建单位对质量安全管理体系运行情况及实体质量，以及法律法规、强制性条文、设计文件及技术标准的执行情况，施工后期重点是质量核备及工程验收等工作，主要包括但不限于以下 6 点：

　　1. 复核参建单位资质。项目开工初期，根据法人单位报送的参建单位资质材料，对照有关参建单位招标投标文件和合同承诺条件，全面检查有关参建单位的资质。

　　2. 检查工程质量终身责任制。按要求对工程质量责任制承诺书及相关证明材料进行备案，结合质量管理体系运行情况检查，对工程质量终身质量责任制落实情况开展监督检查。

　　3. 检查或复核质量安全管理体系建立情况。在项目开工后，监督检查各参建单位质量管理体系的建立情况，主要包括：项目法人组织机构和内设部门成立，主要管理人员任命，人员配备，质量安全管理制度建立情况等；勘察设计单位现场设代机构成立，设代人员数量和专业配备，设计服务制度建立情况等；监理单位监理部成立，总监、副总监和监理工程师等人员执业资格、按投标承诺到位和变更情况，质量安全控制制度建立情况等；施工单位项目部成立，项目经理、技术负责人、质检负责人等人员执业资格、按投标承诺到位和变更情况，质量安全保证制度建立情况等；检测单位人员执业资格、质量安全管理制度建立情况；安全监测等其他单位现场人员配备，质量安全管理制度建立情况等。

　　4. 检查质量安全管理体系运行情况。在＿＿＿月、＿＿＿月施工高峰期期间，开展＿＿＿次检查。监督检查项目法人质量安全管理体系、勘察设计单位现场服务体系、监理单位质量安全控制体系、施工单位质量安全保证体系运行情况等，涉及各参建单位质量安全行为和工程实体质量两个方面。（采取巡查方式的，根据工程建设进展情况，原则上一季度不少于 1 次）

　　5. 质量监督实体检查。在＿＿＿月—＿＿＿月主体工程施工期间，根据工程建设情况和监督工作开展工程实体质量检查，根据需要可明确委托符合资质要求的检测机构开展次质量抽样检测。重点针对主体工程或影响工程结构安全的部位（根据工程列明具体部位）的原材料、中间产品和工程实体开展质量抽样检测。（在主体工程施工期间原则上一年不少于 1 次）

　　6. 核备工程质量结论。明确工程技术交底、主要分部工程和单位工程验收及工程阶段验收、竣工验收等到场监督阶段，并要求项目法人提前通知。项目法人及时报送重要隐蔽和关键部位单元工程、分部工程、单位工程以及单位工程外观等质量评定资料，监督机构对报送的资料进行抽查，从施工质量评定资料是否齐全、质量评定验收程序是否合规、监督检查问题是否完成整改等方面提出核备意见，并按要求核备工程质量结论。

七、监督到位计划

明确工程监督交底、主要分部工程和单位工程验收及工程阶段验收、竣工验收等到场监督阶段，并要求项目法人提前通知。

联系人： 联系电话：

水利工程建设质量与安全监督机构（盖章）

年 月 日

附录 D 质量安全交底

附录 D.1 监督交底事项告知书

_____工程

质量安全监督事项告知书

_____监督站

_____工程项目站

年　　月　　日

74

_____工程项目法人：

依据《水利工程质量监督管理规定》《水利工程建设安全生产管理规定》《水利水电工程施工质量检验与评定规程》《山东省水利工程建设管理办法》等法律、法规、规范标准等要求，根据《水利工程质量监督管理规定》等有关规定，工程建设质量安全监督工作由_____监督站_____工程项目站（以下简称"监督项目站"）承担。监督站成员为：_____。为使工程各参建单位了解质量安全监督工作方式、内容及要求，与监督项目站做好配合，共同促进工程建设质量安全管理工作，现就质量安全监督有关事项告知如下，请予以配合支持。

一、质量监督主要依据

1.《建设工程质量管理条例》（国务院令第 279 号）

2.《建设工程勘察设计管理条例》（国务院令第 293 号）

3.《水利工程质量管理规定》（水利部令第 52 号）

4.《水利工程质量监督管理规定》（水建〔1997〕339 号）

5.《水利部关于印发〈水利工程建设质量与安全生产监督检查办法（试行）〉和〈水利工程合同监督检查办法（试行）〉两个办法的通知》（水监督〔2019〕139 号）

6.《水利建设工程质量监督工作清单》（办监督〔2019〕211 号）

7.《山东省水利工程建设管理办法》（鲁水规字〔2021〕6 号）及《山东省水利工程建设项目法人管理办法》（鲁水规字〔2021〕14 号）

8.《山东省水利工程建设质量与安全生产监督检查办法（试行）》及《山东省水利工程合同监督检查办法（试行）》（鲁水监督字〔2019〕16 号）

9.《滨州市水利工程建设质量与安全生产监督检查办法（试行）》（滨水字〔2021〕12 号）

10. 其他国家、地方的水利及有关行业的质量的法律、法规、强制性标准、部门规章和规范性文件；经批准的工程建设设计文件以及承包合同中涉及质量管控的内容等

二、前期工作要求

1. 项目划分

项目法人应根据《水利水电工程施工质量检验与评定规程》（SL 176—2007）要求，组织监理、设计及施工等单位进行工程项目划分，并确定主要单位工程、主要分部工程、重要隐蔽单元工程和关键部位单元工程。项目法人在主体工程开

工前将项目划分表及说明书面报相应工程质量监督机构确认。工程实施过程中，需对单位工程、主要分部工程、重要隐蔽单元工程和关键部位单元工程的项目划分进行调整时，项目法人应重新报送监督机构确认。单元工程划分结果应书面报送质量监督机构备案。

2. 枢纽工程水工建筑物外观质量评定标准

枢纽工程水工建筑物外观质量评定标准应由项目法人组织监理、设计及施工等单位等研究确定后报监督机构确认。

3. 未列出的外观质量标准及标准分

《水利水电工程施工质量检验与评定规程》附录 A 中未列出的外观质量项目，应根据工程情况和有关技术标准进行补充。其质量标准及标准分应由项目法人组织监理、设计及施工等单位等研究确定后报监督机构核备。

4. 临时工程质量检验及评定标准

对主体工程质量与安全有重要影响的临时工程质量检验及评定标准，应由项目法人组织监理、设计及施工等单位等根据工程特点，参照《水利水电工程单元工程施工质量验收评定标准》和其他相关标准确定，并报监督机构核备。

5. 未涉及的单元质量评定标准

对《水利水电工程单元工程施工质量验收评定标准》中未涉及的单元工程进行项目划分的同时，项目法人应组织监理、设计及施工等单位，根据未涉及的单元工程的技术要求（如新技术、新工艺的技术规范、设计要求和设备生产厂商的技术说明书等）制订施工、安装的质量评定标准，按照水利部颁发的《水利水电工程单元工程施工质量验收评定标准》的统一格式制订相应的质量评定表格，报监督机构批准。

6. 水利工程建设项目质量检测方案

实行第三方质量检测的水利工程项目，项目法人组织质量检测、监理等单位依据相关规定编制检测方案，报质量监督机构备案。水利工程质量检测项目和数量按照《水利工程质量检测技术规程》及《山东省水利工程质量检测要点》确定。

7. 保证安全生产的措施方案

工程开工之日起 15 日内，项目法人应组织编制保证安全生产的措施方案，报监督机构备案。

8. 拆除或者爆破工程施工

项目法人应在拆除或爆破工程施工 15 日前，将相关材料报送监督机构备案。

9. 安全生产事故隐患排查

工程开工初期，项目法人应将重大事故隐患治理方案报监督机构备案。重大事故隐患治理完成后，项目法人应及时组织对重大事故隐患治理情况进行验收和效果评估，签署意见后报监督机构备案。

10. 重大危险源辨识和安全评估结果

项目法人应将重大危险源辨识和安全评估结果印发各参建单位，并报监督机构备案。

11. 项目安全生产事故应急救援预案、专项应急预案

项目法人应根据工程建设情况，在开工初期组织制定项目安全生产事故应急救援预案、专项应急预案并报送监督机构备案。

实施工程中上述材料如有变化需重新报送。

三、质量核备

1. 重要隐蔽单元工程及关键部位单元工程质量

(1) 项目法人组织重要隐蔽单元工程及关键部位单元工程验收时，提前 2 个工作日通知监督机构，监督机构可列席验收会议。

时间节点：提前 2 个工作日通知监督机构。

(2) 重要隐蔽单元工程及关键部位单元工程质量经施工单位自评合格、监理单位抽检后，由联合小组共同检查核定其质量等级并填写签证表，报监督机构核备。

时间节点：项目法人按月报备。

2. 分部工程质量

(1) 项目法人组织大型枢纽工程主要建筑物的分部工程验收时，提前 5 个工作日通知监督机构，监督机构宜列席验收会议。

时间节点：提前 5 个工作日通知监督机构。

(2) 分部工程施工质量经施工单位自评、监理单位复核、项目法人认定后，质量结论由项目法人报监督机构核备。项目法人应在分部工程验收通过之日后 10 个工作日内，将验收质量结论和相关资料报监督机构核备。

时间节点：验收通过之日起 10 个工作日内。

3. 单位工程外观质量

单位工程建成后，工程外观质量评定组（项目法人、设计、监理、施工、运行管理单位）负责工程外观质量评定，评定结论由项目法人报监督机构核备。项目法人应在单位工程验收通过之日起 10 个工作日内，将验收质量结论和相关资料报监督机构核备。

时间节点：验收通过之日起 10 个工作日内。

4. 单位工程质量

（1）项目法人组织单位工程验收时，应提前 5 个工作日通知监督机构，监督机构应列席验收会议。

时间节点：提前 5 个工作日通知监督机构。

（2）单位工程施工质量在施工单位自评合格后，由监理单位复核，项目法人认定。项目法人应在单位工程验收通过之日起 10 个工作日内，将验收质量结论和相关资料报监督机构核备。

时间节点：验收通过之日起 10 个工作日内。

5. 工程项目质量

（1）项目法人组织工程竣工验收自查前，应提前 10 个工作日通知监督机构，监督机构应列席会议。

时间节点：提前 10 个工作日通知监督机构。

（2）工程项目质量、单位工程质量评定合格后，由监理单位进行统计并评定工程项目质量结论和相关资料，并经项目法人认定后，报监督机构核备。

时间节点：竣工验收自查之日起 10 个工作日内。

四、政府验收

1. 阶段验收

（1）项目法人在验收会议召开前 10 个工作日通知监督机构，监督机构作为验收委员会成员，参加工程阶段验收，提交工程质量与安全监督报告。

时间节点：提前 10 个工作日通知监督机构。

（2）库容 1 亿 m^3 以上的大型（包括新建、续建、改建、加固、修复等）水利水电建设工程，蓄水安全鉴定的单位（即鉴定单位）专家组组成情况报工程验收主持单位和相应的水利工程质量监督部门核备。鉴定单位应将鉴定报告提交给项目法人，并抄报工程验收主持单位和水利工程质量监督部门。

时间节点：专家组组成后报监督机构核备；鉴定报告于蓄水验收前 5 个工作日报监督机构。

2. 竣工验收

项目法人在验收会议召开前 10 个工作日通知监督机构，监督机构作为验收委员会成员，参加工程竣工验收，提交质量与安全工作监督报告。

时间节点：提前 10 个工作日通知监督机构。

五、监督检查

监督项目站对工程参建各方的工程建设质量安全行为进行巡查监督，对工程实体质量进行抽查检查，其行为不代替项目法人、设计、监理、施工等单位的质量安全管理工作。

监督工作方式采取现场巡查、抽查等相结合的方式进行。

（1）对设计、监理、施工、质量检测等从业单位资质及其从业人员资格进行复核。

（2）检查各参建单位的质量安全体系建立情况，包括项目法人组织机构和内设部门成立，主要管理人员任命，组织机构和人员配备，质量管理制度建立情况等；勘察设计单位现场设代机构成立，设代人员数量和专业是否满足要求，设计服务制度及质量安全管理制度的建立情况等；监理单位监理部成立，总监、副总监和监理工程师等人员执业资格、按投标承诺到位和变更情况，质量安全控制制度建立情况等；施工单位项目部成立，项目经理、技术负责人、质检负责人等人员执业资格、按投标承诺到位和变更情况，质量安全保证制度建立情况等；检测单位人员执业资格、质量安全管理制度建立情况等；主要设备制造安装单位现场人员配备，质量安全管理制度建立情况等。

（3）检查责任主体的质量安全管理体系运行情况，主要包括项目法人是否按已制定的质量安全管理制度开展质量检查工作等；勘察/设计单位是否按设计规章制度开展勘察/设计服务及质量安全管理制度执行情况等；监理单位是否按监理规划、监理实施细则、监理工作制度等开展质量安全控制工作等；施工单位是否按建立的质量安全保证体系、各项规章制度、编写的技术方案进行施工管理等；检测单位是否按检测质量安全保证体系和服务体系开展检测工作等；现场设备制造安装单位是否按技术标准和设计要求制造合格的设备并进行安装等；其他单位的现场质量安全管理情况等。

（4）根据国家和行业有关质量管理的法律法规、部门规章、技术标准和设计文件等开展质量安全监督检查。

六、每月上报内容（项目法人每月 25 日前报送）

1. 工程施工进展概况

2. 质量检测情况

3. 参建单位、人员变更情况

4. 重要隐蔽单元工程及关键部位单元工程、分部、单位等验收情况

5. 报送施工质量汇总分析结果

6. 事故隐患排查治理情况

7. 质量缺陷

七、监督权限

（1）有权要求被检查单位提供有关工程质量安全的文件和资料；进入被检查单位的施工现场和工程其他场所进行建设质量安全检查、实体检测、调查取证等，有权调阅建设、监理单位和施工单位的检测试验成果、检查记录和施工记录。在工作中发现有违反建设工程质量安全管理规定的行为和影响工程质量安全的问题时，有权采取责令改正、建议局部暂停施工等措施。

（2）质量安全抽查情况通报。在巡查中，对质量安全管理差的单位提出批评，并通报抽查情况。

（3）工程质量安全整改通知。在巡查中，对发现的质量安全问题，以书面形式通知项目法人，并上报地方水行政主管部门。由责任单位进行自检自查和整改，整改结果以书面形式由项目法人确认后报监督机构备案。

（4）停工建议。对工程施工中使用不合格的原材料、构配件、中间产品或严重违反施工程序或工程实体质量低劣，继续施工将达不到质量标准或留下质量安全隐患的，监督机构有权提出暂停该工序施工的建议，并通知项目法人，由监理单位签发停工通知；问题处理完毕，监理单位复查合格，项目法人确认后，报监督机构核实具备复工条件后，由监理单位签发复工通知。

（5）行政处罚的建议。对施工质量安全存在问题不及时整改或严重违规的单位或个人，监督机构有权建议水行政主管部门取消其施工资格、更换人员或给予相应的行政处罚等。

（6）参与生产质量安全事故的调查处理，受理质量安全举报投诉，建立质量安全监督档案。

八、其他

（1）本监督项目站严格执行中央八项规定和廉洁从政的各项规定，坚决执行《党政机关厉行节约反对浪费条例》《党政机关国内公务接待管理规定》。

（2）本告知书由_____工程项目法人复印送达各参建单位。

（3）请项目法人认真按照上述工作要求和时间节点开展核备、报告等工作。对未按规定落实有关要求的，将采取计入项目不良行为记录台账予以通报、不得

评优评先等处理。对于涉嫌违反建设工程质量的法律、法规的问题，将依法上报水行政主管部门，追究相关责任。

（4）监督人员在质量安全监督检查过程中，如有滥用职权、徇私舞弊、玩忽职守行为，请项目法人、设计、施工、监理等工程建设单位参与各方及时向滨州市城乡水务局、滨州市水利工程建设质量与安全监督站举报投诉。

投诉举报电话：

水利工程建设质量与安全监督机构　0543－××××××××

　　　　　　　　　　　　　　　　　　　　_____监督站

　　　　　　　　　　　　　　　　　　　　_____工程项目站

　　　　　　　　　　　　　　　　　　　　　　　年　　　月　　　日

附录D.2 监督交底记录

_____工程质量安全监督交底记录

根据国家、水利部和省、市有关质量安全监督管理的规定,以及《水利水电工程施工质量检验与评定规程》(SL 176—2007)、《水利水电建设工程验收规程》(SL 223—2008)、《水利水电工程施工安全管理导则》(SL 721—2015)及实际工作情况,____年____月____日监督站成立_____监督项目站,组长:_____副组长:_____成员:_____对_____工程建设质量监督工作进行交底,向工程参建单位告知工程质量监督的方式、权限、主要内容,以及参建单位配合监督工作的有关要求等,并下发《_____工程质量监督事项告知书》。

监督联系人:

参加交底的单位对工程质量监督的要求已充分领会和认可。

项目法人(代表签字):

设计单位(代表签字):

监理单位(代表签字):

施工单位(代表签字):

检测单位(代表签字):

项目质量监督成员:

_____监督站

_____工程项目站

年　月　日

附录 E 工程项目划分确认

附录 E.1 工程项目划分确认的申请

关于_____工程质量评定项目划分确认的申请

水利工程建设质量与安全监督机构：

根据工程特点，我单位已组织设计、施工、监理等单位，按照项目划分的有关规定，完成了_____工程项目的划分（简要介绍项目划分情况），共划分为____个单位工程，____个分部工程，____个单元工程，其中主要单位工程____个，主要分部工程____个，关键部位单元工程____个，重要隐蔽单元工程____个。

请对项目划分予以确认。

附件：项目划分表及说明

项目法人（盖章）

年　　月　　日

附录 E.2 工程质量评定项目划分确认意见的函

关于_____工程质量评定项目划分确认意见的函

项目法人：

　　____年____月____日收到你单位报来的《关于工程项目划分（及质量评定标准）确认（核备）的申请》（文号）。根据《水利水电工程施工质量检验与评定规程》（SL 176—2007）等有关规定，结合本工程的实际情况，经研究确认共划分为____个单位工程，____个分部工程，其中主要单位工程____个，主要分部工程____个，关键部位单元工程____个，重要隐蔽单元工程____个。

　　本工程项目工程实施过程中，单位工程、主要分部工程、重要隐蔽单元工程和关键部位单元工程的项目划分发生调整时，项目法人应及时报监督机构重新确认。

水利工程建设质量与安全监督机构（盖章）

年　　　月　　　日

附录 E.3 重要隐蔽（关键部位）单元工程参考项目划分

内容	定　　义	堤防工程	水闸工程	渠道工程	管道工程	泵站工程
重要隐蔽单元工程	主要建筑物的地基开挖、地下洞室开挖、地基防渗、加固处理和排水等隐蔽工程中，对工程安全或使用功能有严重影响的单元工程。主要建筑物的隐蔽工程中，涉及严重影响建筑物安全或使用功能的单元工程称为重要隐蔽工程。如主坝坝基开挖中涉及断层或裂隙密集带的单元工程是重要隐蔽单元工程	堤基开挖、堤基处理、堤基防渗、堤身防渗、建筑物地基开挖、建筑物地基处理、建筑物基础	闸基土方开挖、闸基处理、闸基础	渠道防渗	涉及槽基处理的单元工程、顶管工程、转角处单元工程	（泵站、水闸等）地基开挖、（泵站、水闸等）地基处理、（泵站、水闸）基础、泵站地基防渗
关键部位单元工程	对工程安全、效益或使用功能有显著影响的单元工程。关键部位单元工程，包括土建类工程、金属结构及启闭机安装工程中属于关键部位的单元工程	堤身与建筑物结合部填筑、堤身填筑	底板混凝土浇筑、二期混凝土浇筑（埋件）	与建筑物相邻的（砌、筑）单元工程	蝶阀安装	二期混凝土（埋件）、水泵基座混凝土、水泵安装、压力钢管安装

注　重要隐蔽（关键部位）单元工程不仅限于表格所列内容，应结合工程实际进行划分。

附录F 工程质量评定标准核备确认

附录 F.1 工程质量评定标准核备确认的申请

关于_____工程质量评定标准核备确认的申请

水利工程建设质量与安全监督机构：

根据工程特点，我单位已组织设计、施工、监理等单位，按照工程质量评定有关规定，确定了工程_____枢纽工程水工建筑物外观质量评定标准/规程中未列出项目的外观质量评定标准/__（围堰、导流等）__临时工程质量检验及评定表/《单元工程评定标准》中未涉及的_____单元工程质量评定标准。

现将有关质量评定标准上报你单位，请对质量评定标准予以核备确认。

附件：1._____枢纽工程水工建筑物外观质量评定标准

2.《规程》中未列出的_____项目外观质量评定标准及标准分

3.__（围堰、导流等）__临时工程质量检验及评定标准

4.《单元工程评定标准》中未涉及的_____单元工程质量评定标准

项目法人（盖章）

年　　月　　日

附录 F.2 核备确认工程项目划分及质量评定标准的通知

关于核备确认_____工程质量评定标准的通知

项目法人：

____年____月____日收到你单位报来的《关于工程质量评定标准核备确认的申请》（文号）。根据《水利水电工程施工质量检验与评定规程》（SL 176—2007）等有关规定，结合本工程的实际情况，对____枢纽工程水工建筑物外观质量评定标准予以确认/规程中未列出的____外观质量评定标准予以核备/（围堰、导流等）临时工程质量检验及评定表予以核备/《单元工程评定标准》中未涉及的____单元工程质量评定标准予以核备。

工程实施过程中，相关工程质量评定标准如有变化调整，应及时报送质量安全监督机构核备确认。

水利工程建设质量与安全监督机构（盖章）

年　　月　　日

附录 G 检测方案备案（审核）表

工程名称：

致：＿＿＿＿＿＿（项目法人单位）＿＿＿＿＿＿＿＿＿＿
我单位已完成＿＿＿＿＿＿（检测方案名称）＿＿＿＿＿＿编制，现上报，请予审核批准。
申报单位（盖章）　　　　　　　　　　　　项目负责人（签字）： 　　　　　　　　　　　　　　　　　　　　　申报日期：
项目法人认定意见
认定意见：
项目法人（盖章）　　　　　　　　　　　　核准人（签字）： 　　　　　　　　　　　　　　　　　　　　　核准日期：
质量监督机构备案（审核）意见
备案/审核意见：
质量监督机构（盖章）　　　　　　　　　　备案人/审核人（签字）： 　　　　　　　　　　　　　　　　　　　　　备案/审核日期：
＊（竣工验收主持单位核定意见）
核定意见：
竣工验收主持单位（盖章）　　　　　　　　核定人（签字）： 　　　　　　　　　　　　　　　　　　　　　备案（审核）日期：

注　1. 第三方质量检测方案由质量监督机构备案即可。

　　2. 竣工验收检测方案根据竣工验收单位需要编制，由质量监督机构审核，竣工验收主持单位核定。

　　3. 本表一式三份，项目法人一份、检测单位一份、质量监督机构一份，竣工验收检测应增加一份由竣工验收主持单位保存。

附录 H 安全生产相关方案备案

附录 H.1 保证安全生产的措施方案

_____工程

保证安全生产的措施方案

项目法人（盖章）

____年____月____日

批准：

审核：

编制：

一、项目概况

1. 工程位置与周边环境

2. 工程等级、主要建设任务和规模

3. 工程总投资、建安投资及主要工程量

4. 重大危险源和危险性较大的单项工程分布情况

5. 建设计划（含危险性较大的单项工程施工计划，应计划到关键节点）

6. 工程结构总体布置图和施工总平面布置图

二、编制依据和安全生产目标

（一）编制依据

1. 法律法规、标准规范

2. 工程建设相关资料

（二）安全生产目标

主要包括生产安全事故控制目标，安全生产投入目标，安全生产教育培训目标，生产安全事故隐患排查治理目标，重大危险源和危险性较大的单项工程监控目标，应急管理目标，文明施工管理目标及人员、机械、设备、交通、火灾、环境和职业健康等方面的安全管理控制指标等。

三、安全生产管理机构及相关负责人

项目法人应根据项目实际情况成立安全生产领导小组，项目法人主要负责人担任组长，其他领导班子成员及部门负责人和设计、监理、施工等参建单位项目主要负责人为成员。

项目法人应设置安全生产管理机构，配备安全生产管理机构负责人及专职安全生产管理人员，明确安全生产职责和权限。

四、安全生产的有关规章制度制定情况

此处项目法人应明确建立的项目安全生产管理制度的清单或相应管理制度，同时提出各参建单位建立安全生产管理制度的清单及要求。

项目法人应建立以下安全生产管理制度（但不限于）：

1. 安全生产目标和责任考核制度

2. 安全生产例会与检查制度

3. 安全生产经费投入与保障制度

4. 安全生产文件和档案管理制度

5. 隐患排查治理制度

6. 安全教育培训制度

7. 安全设施"三同时"管理制度

8. 重大危险源和危险性较大的单项工程管理制度

9. 职业健康管理制度

10. 生产安全事故报告及应急管理制度

五、安全生产管理人员及特种作业人员持证上岗情况

主要包括但不限于：安全生产管理"三类人员"及特种作业人员花名册及相应证书编号。

六、重大危险源监测管理和安全事故隐患排查治理方案

项目法人应根据实际情况，简述工程重大危险源和危险性较大的单项工程状况、危险性分析情况和可能发生的事故特点，列出相应清单和相应处置措施，并提出相关责任单位制定专项施工方案、重大危险源监控和管理的办法和流程的要求。

七、生产安全事故应急救援预案

此处项目法人可描述综合应急预案及专项应急预案编制情况，或落实预案的编制措施或综合应急预案及专项应急预案，并提出施工单位制定综合应急预案、专项应急预案和现场处置方案的要求。

根据有关法律、法规、《生产经营单位生产安全事故应急预案编制导则》（GB/T 29639—2020）及《水利水电工程施工安全管理导则》（SL 721—2015）的要求，结合工程重大危险源和危险性较大的单项工程状况、危险性分析情况和可能发生的事故特点，项目法人应编制综合应急预案及专项应急预案。

八、工程度汛方案

项目法人应根据工程情况和工程度汛需要，组织制订工程度汛方案，报有管辖权的防汛指挥机构批准或备案。

此处项目法人可描述度汛方案的编制情况，或落实预案的编制措施或度汛方案，并提出施工单位编制防汛度汛及抢险措施的要求。

度汛方案应包括防洪度汛年度目标、指挥机构设置、度汛工程形象、汛期施工情况、防汛度汛工作重点，人员、设备、物资准备和安全度汛措施，以及雨情、水情、汛情的获取方式和通信保障方式等内容。防汛度汛指挥机构应由项目法人、监理单位、施工单位、设计单位主要负责人组成。

项目法人应和有关参建单位签订安全度汛目标责任书，明确各参建单位防汛度汛责任。督促施工单位根据批准的度汛方案，制订防汛度汛及抢险措施，报项目法人批准，并按批准的措施落实防汛抢险队伍和防汛器材、设备等物资准备工作，做好汛期值班，保证汛情、工情、险情信息渠道畅通。

九、其他有关事项

应明确保证安全生产的措施方案的未尽事宜的处理方式，如发生建设内容重大变更、安全生产领导小组及管理机构人员重要调整及出现新的重大危险源和危险性较大的单项工程等情况时，应及时修订保证安全生产的措施方案，并重新备案。

附录 H.2 重大事故隐患治理情况验证和效果评估表

工程名称			
评估日期		地点	

重大事故隐患治理概述：（简述治理经过及治理效果）			

治理验证和效果评估：（可另附报告）

    本事故隐患已按治理方案进行了治理，消除了事故隐患，安全风险达到低风险，达到生产安全的要求，具备生产安全条件

验证评估组长签字：（一般为项目法人单位代表）

参加评估人员签字：
（施工单位项目经理：
监理单位总监理工程师：
……）

项目法人签署意见	项目法人项目负责人：
	
	          项目法人（盖章）
	       ___年___月___日

备查资料	（1）重大事故隐患治理方案□；（2）隐患治理相关记录□； （3）影像资料□；（4）其他□

说明： 本表一式____份，由评估单位填写，并印发内部各部门和相关参建单位。

93

附录 H.3　重大危险源清单

重 大 危 险 源 清 单

工程名称			
重大危险源清单			
序号	重大危险源类别	重大危险源项目	重大危险源部位
1			
2			
3			
4			
...			
附：重大危险源分项管控信息表			
项目法人意见	项目法人（盖章） 负　责　人： 日　　　期：		

注　危险源类别、项目参见《水利水电工程施工危险源辨识与风险评价导则（试行）》（办监督函〔2018〕1693 号）附件水利水电工程施工重大危险源清单（指南）。

附：

重大危险源分项管控信息表

项目名称			
重大危险源类别		重大危险项目	
重大危险源部位		重大危险源风险等级	
可能导致的事故类型			
管控措施	管控责任人： 日　　期：		
施工单位	施工单位（盖章） 项目经理： 日　　期：		
监理单位意见	监　理　单　位（盖章） 总监理工程师： 日　　期：		
项目法人意见	项目法人（盖章） 负　责　人： 日　　期：		
重大危险源状态	□施工过程中/□危险状态已消除		

附录 H.4 水利工程建设安全生产方案备案表

水利工程建设安全生产方案备案表

工程名称	
备案事项	

申报简述：

　　我单位已完成_____工程_____的编制，请予以备案。

　　附件：1. _____

　　　　　2. _____

项目法人（盖章）

申报人：

___年___月___日

备案意见：

　　本工程_____重大危险辨识和安全评估结果资料齐全，符合

《水利水电工程施工安全管理导则》（SL 721—2015）等规范性文件的要求，同意备案。

水利工程建设质量与安全监督机构（盖章）

备案人：

___年___月___日

附录 I 质量安全监督检查

附录 I.1 关于做好_____工程质量与安全监督检查问题整改工作的通知

项目法人：

____年____月____日—____日，水利工程质量与安全监督机构对工程开展了质量与安全监督检查。重点抽查了_____，并进行了质量抽检，有关意见已于现场向各参建单位反馈，现将检查发现的质量、安全管理违规行为、质量缺陷问题发送给你们（详见附件），请按照以下要求做好整改工作：

1. 项目法人应立即组织有关责任单位针对本次检查发现问题，分析原因，建立问题整改台账，明确整改责任人，确保检查发现问题全面整改到位。整改落实情况及证明材料于____年____月____日前报送至（地址）。

2. 项目法人要切实承担起工程质量安全首要责任，加强工程建设质量与安全生产管理，健全质量与安全生产管理制度，落实质量与安全生产责任制，确保各项措施落实到位，保证工程质量与安全。各参建单位应对照有关问题清单，举一反三，自查自纠，避免同类问题重复发生，切实提高水利工程建设管理水平。

3. 对未及时整改到位或虚假整改的，将按照《山东省水利工程建设质量与安全监督检查办法（试行）》（鲁水监督字〔2019〕16号）等有关规定予以责任追究。

联系人：

联系电话：

附件：工程质量与安全监督检查问题清单

水利工程建设质量与安全监督机构（盖章）

年　　月　　日

附件：

＿＿＿＿＿＿工程质量与安全监督检查问题清单

本次检查共发现问题＿＿＿＿个，其中：严重问题＿＿＿＿＿＿＿＿＿个、较重问题＿＿＿＿个，一般问题＿＿＿＿个，各参建单位如下：

一、项目法人

严重问题＿＿＿＿个

1. 问题描述：＿＿＿＿＿＿＿＿＿＿＿＿＿＿＿＿＿＿＿＿＿＿＿＿＿

违规行为：＿＿＿＿＿＿＿＿＿＿＿＿＿＿＿＿＿＿＿＿＿＿＿＿＿＿＿

附图：

……

较重问题＿＿＿＿个

1. 问题描述：＿＿＿＿＿＿＿＿＿＿＿＿＿＿＿＿＿＿＿＿＿＿＿＿＿

违规行为：＿＿＿＿＿＿＿＿＿＿＿＿＿＿＿＿＿＿＿＿＿＿＿＿＿＿＿

附图：

……

一般问题＿＿＿＿个

1. 问题描述：＿＿＿＿＿＿＿＿＿＿＿＿＿＿＿＿＿＿＿＿＿＿＿＿＿

违规行为：＿＿＿＿＿＿＿＿＿＿＿＿＿＿＿＿＿＿＿＿＿＿＿＿＿＿＿

附图：

……

二、勘察设计单位

严重问题＿＿＿＿个

1. 问题描述：＿＿＿＿＿＿＿＿＿＿＿＿＿＿＿＿＿＿＿＿＿＿＿＿＿

违规行为：＿＿＿＿＿＿＿＿＿＿＿＿＿＿＿＿＿＿＿＿＿＿＿＿＿＿＿

……

三、监理单位

严重问题＿＿＿＿个

1. 问题描述：＿＿＿＿＿＿＿＿＿＿＿＿＿＿＿＿＿＿＿＿＿＿＿＿＿

违规行为：＿＿＿＿＿＿＿＿＿＿＿＿＿＿＿＿＿＿＿＿＿＿＿＿＿＿＿

……

四、施工单位

严重问题_____个

1. 问题描述：_____

违规行为：_____

......

五、质量检测单位

严重问题_____个

1. 问题描述：_____

违规行为：_____

......

附表 I.2 工程监督检查问题整改台账

工程项目名称	检查时间	单位类型	被检查单位名称	严重程度	问题编号	问题描述	违规行为	整改措施	整改责任人	整改时限	整改状态	问题类型

注 问题类型可从质量体系、安全体系、质量缺陷、安全隐患、监督管理、程序管控、检验检测、质量评定、文明施工、人员管理等方面划分。

附录 J　质量管理体系建立和运行检查表

表 J.1　　　　　　　　　项目法人质量管理体系建立检查表

工程名称		项目法人（建设单位）	
检查项目	检 查 内 容	检 查 情 况	
组织机构	法人组建情况		
	质量管理部门设置情况		
	质量管理人员数量、专业、职称		
质量管理制度	内部质量管理制度（工程质量岗位责任制度、责任追究制和质量奖惩制、质量管理工作计划、质量管理网络和联络员、质量评定检查、工程验收、施工图审查及设计变更、质量缺陷管理、质量报告、工程档案管理制度等方面的管理制度）		
	对参建单位的质量管理制度（对参建单位质量管理体系、质量行为和实体质量的检查、奖惩、责任追究等制度）		
	执行项目技术标准清单，对参建单位执行技术标准、强制性标准的检查制度与要求		
质量管理措施	是否委托开展第三方检测		
	检测方案编制报备情况		
	组织施工图审查		
	组织设计交底		
	办理测量基准点交接手续		
质量管理资料核备确认	项目划分确认、应报备外观质量评定标准、临时工程质量检验评定标准		
检查中发现的其他情况	质量终身责任承诺书签订及公示标牌设置情况；施工图审查工作开展情况；是否按规定办理监督手续等		
项目法人现场责任人（签字）：			
质量监督机构检查意见： 　　　　　　　　　　　质量监督人员（签字）： 　　　　　　　　　　　　　　　年　　月　　日			

表 J. 2　　　　　　勘察、设计单位现场服务质量体系建立检查表

工程名称		勘察、设计单位	
检查项目	检 查 内 容	检 查 情 况	
组织机构	勘察、设计资质		
	现场设代机构（设代）		
设代人员	项目负责人		
	人员数量及专业		
服务制度	设计文件、图纸签发制度（包括初步设计及施工图审查意见的落实情况，勘测设计内容与深度是否满足规范标准要求，病险水闸水库工程设计成果与安全鉴定成果核查意见的对应情况等）		
	设计技术交底制度及执行情况		
	现场设计通知、设计变更的审核及签发制度及执行情况		
	技术标准、强制性标准执行情况		
检查中发现的其他情况			
勘察、设计单位现场责任人（签字）：			
项目法人现场责任人（签字）：			
质量监督机构检查意见： 质量监督人员（签字）： 　　　　　　　　　　　　　　　　　年　月　日			

表 J.3　　　　　　　　　　　　　　监理单位质量控制体系建立检查表

工程名称		监理单位	
检查项目	检 查 内 容	检 查 情 况	
组织机构	监理资质		
	现场监理机构设置情况		
监理人员	监理机构人员到岗情况		
	总监理工程师		
	监理工程师		
监理控制措施	核查签发施工图纸及技术文件		
	审批施工准备情况［包括施工（工艺试验）方案，专项检测方案等］		
	检测设备进场情况		
	平行、跟踪检测或委托检测实施计划，平行检测委托单位资质情况		
质量控制制度	质量控制目标制定及宣贯		
	监理规划		
	监理实施细则		
	岗位责任制建立情况		
	质量控制制度（会议制度、技术文件核查审核和审批制度、原材料中间产品及工程设备报验制度、质量抽检制度、质量报验制度、计量付款签证制度、报告制度、验收制度、例会制度、质量缺陷备案及检查处理制度）		
	规范表格使用情况		
	对施工单位质量保证体系检查要求（是否按规定对施工单位测量、工艺试验方案及成果进行批准和复核；是否对不具备开工条件的分部工程批准开工；是否执行设计变更管理程序）		
	对设备制造单位质量保证体系检查要求		
	对技术标准、强制性标准执行的检查要求		
检查中发现的其他情况	对施工单位质量保证体系检查情况		
监理单位现场责任人（签字）：			
项目法人现场责任人（签字）：			
质量监督机构检查意见： 　　　　　　　　　质量监督人员（签字）： 　　　　　　　　　　　　　　　　　　年　月　日			

表 J.4 施工单位质量保证体系建立检查表

工程名称		施工单位	
检查项目	检 查 内 容	检 查 情 况	
组织机构	资质		
	项目部组建		
质量管理人员	主要管理人员到岗情况		
	项目经理		
	技术负责人		
	质检机构负责人		
	质检人员		
	质量责任书签订及质量责任人公示		
质量保证制度措施	质量目标制定和保证措施，工程验收计划等		
	质量管理岗位责任制及考核制度建立情况（包括与下属作业队、职能部门签定质量责任书）		
	工程质量保证制度建立情况（工程质量检验评定制度、工程原材料和中间产品检测制度、质量例会制度、质量事故责任追究及奖惩制度、档案管理制度等）		
	对规程、规范、技术标准、强制性标准等执行要求		
	"三检制"制定情况		
	施工技术方案（施工组织设计、施工方案及措施计划等编制审批情况）		
	技术工人技术交底情况		
	施工工艺试验方案、专项监测方案及成果的编制报批情况		
	实验室检测资质、工地实验室检测设备进场情况、试验人员资格，检测台账建立情况		
	无工地试验室：施工单位自检落实情况（检测单位资质、检测计划）		
检查中发现的其他情况	施工作业指导书编制情况		
	特殊工种、关键岗位人员持证上岗，是否满足工程施工要求		
施工单位现场责任人（签字）：			
项目法人现场责任人（签字）：			
质量监督机构检查意见： 质量监督人员（签字）： 年 月 日			

表 J.5　　　　　　　　质量检测单位质量保证体系建立检查表

工程名称		检测单位	
检查项目	检 查 内 容	检 查 情 况	
组织机构	检测资质		
	工地实验室（是否经检测单位授权）		
工地实验室人员	人员情况（是否满足检测及合同要求，是否复核资格要求）		
	实验室负责人		
现场设备仪器	设备仪器		
	设备仪器检定情况		
试验室设施和环境	设施场地		
	环境条件		
质量保证制度	检测方案编制报备情况		
	检测工作制度（质量手册、程序文件、作业指导书）		
	仪器设备状态标识		
	档案管理制度		
	仪器设备检定校验计划		
	仪器设备操作规程		
检查中发现的其他情况	检测单位及检测人员是否与其从事的检测活动及出具数据存在利益关系，第三方检测单位能否独立公正开展检测业务		
第三方检测单位现场责任人（签字）：			
项目法人现场责任人（签字）：			
质量监督机构检查意见： 　　　　　　　　　　　质量监督人员（签字）： 　　　　　　　　　　　　　　　年　　　月　　　日			

表 J.6　　　　　　　　　　项目法人质量管理体系运行检查表

工程名称		项目法人（建设）	
检 查 项 目	检 查 内 容	检 查 情 况	
组织管理机构及人员	机构及人员调整变化情况是否符合有关规定要求，满足工程建设需要		
质量管理制度执行情况	对勘察设计、监理、施工、质量检测单位质量体系建立和运行、工程实体质量等实施检查情况，对各类检查发现的质量问题及时整改并责任追究		
	监理和施工单位主要人员出勤管理情况		
	重要隐蔽（关键部位）单元工程、分部工程、单位工程及外观质量评定等验收结论和质量等级认定是否真实，报质量监督机构核备（核定）情况		
	组织联合检查验收和法人验收情况，验收质量结论和工程质量等级评定是否规范及时，是否按规定履行报备手续		
	技术标准、强制性标准贯彻执行情况		
	设计变更程序履行情况		
质量管理措施执行	施工过程检测实施情况、竣工检测安排落实情况；竣工检测方案是否报质量监督机构审核（根据竣工验收主持单位的要求）		
	对施工自检及监理平检方案执行情况检查		
	工程质量缺陷、工程质量事故是否按规定进行报备处理		
检查中发现的其他问题	有无明示或暗示设计、施工单位违反技术标准、强制性标准，降低工程质量行为；有无明示或暗示施工单位使用不合格的建筑材料、构配件、设备		
	是否存在不合理压缩工期；不配合上级部门检查；历次检查问题是否按规定处理		
项目法人现场责任人（签字）：			
质量监督机构检查意见： 　　　　　　　　　　　　　质量监督人员（签字）： 　　　　　　　　　　　　　　　　　年　　月　　日			

表 J.7　　　　　　　　勘察、设计单位现场服务质量体系运行检查表

工程名称		勘察（设计）单位	
检查项目	检 查 内 容	检 查 情 况	
设代机构人员	人员变化及出勤情况是否满足合同及工程建设需要		
主要服务制度执行情况	设计文件深度、设计图纸提供等服务情况（是否根据勘查成果文件进行工程设计；是否按合同和工程建设强制条文进行勘察设计工作；是否存在由于勘察设计漏项及错误或设计深度不够等问题，造成重大设计变更或引发工程质量问题；前期地质勘查工作深度是否满足要求；是否参加质量事故调查、分析和处理；是否设置驻地现场质量把关环节；初步设计审查批复意见是否落实或结果是否适用；环保、水保、移民等专业设计深度情况；专业设计成果是否存在缺陷、缺项或漏项；是否按合同要求或供图协议及时提供施工图和设计文件；是否按要求编制"年度度汛报告"或"度汛技术要求"）		
	技术标准、强制性标准贯彻执行情况		
	设计变更、现场设计问题处理是否及时（设计变更报告是否未经批复擅自提供变更图纸；是否未按规定履行重大设计变更程序；对施工中出现的特殊地质问题是否及时做出地质预报和提出处理方案；工程地形或建设条件发生较大变化时，是否及时调整设计；是否按要求进行建基面地质编录和编写地质情况说明）		
	参加重要隐蔽（关键部位）单元工程联合检查验收、分部工程及单位工程验收等情况		
	是否按规定参加工程验收，及时提供验收资料，现场服务工作记录等情况		
检查中发现的其他情况	历次检查发现问题整改情况		
勘察、设计单位现场责任人（签字）：			
项目法人现场责任人（签字）：			
质量监督机构检查意见：			

质量监督人员（签字）：

年　　月　　日

107

表 J.8 监理单位质量控制体系运行检查表

工程名称		监理机构	
检查项目	检 查 内 容	检 查 情 况	
机构人员	总监理工程师和监理人员出勤情况		
	监理工程师旁站情况（重要隐蔽、关键部位单元工程及主要工序）		
	总监理工程师巡视情况		
制度执行情况	监理例会情况		
	签发监理指示、通知、批复、纪要等文件情况		
	对工序、单元、分部工程质量复核情况〔是否签认不合格工程；对施工单位提报材料未经复核或复核不认真即签认；单元工序未经检验评定即默许下道工序施工；是否按规定组织中重要隐蔽（关键部位）单元工程验收；单元工程评定资料是否弄虚作假〕		
	监理日志、月报、有关文件编制情况，能否全面、真实反映工程质量状况		
	主要原材料、中间产品见证取样，进、退场设备验收情况		
	施工质量缺陷是否备案（监督检查验收记录齐全，留存专题会议纪要）；质量事故是否处理		
	检查施工单位技术标准、强制性标准贯彻执行情况；对施工单位质量保证体系运行情况检查		
控制措施落实	监理规划和监理实施细则落实情况		
	监理抽检工作开展情况（是否对施工单位地质复勘和土料厂复勘进行监督检查，平行检测、跟踪检测情况及不合格材料和中间产品处理情况，明显质量问题的监理指令下达情况；工序检验制度执行情况，验收情况等）		
	对进场原材料、中间产品见证取样及进场报验相关情况（进场报验手续是否齐全；是否签证未经检验或检验不合格的建筑材料、构配件和设备；是否批准错误的混凝土或砂浆配合比）		
检查中发现的其他情况	总监理工程师签字文件是否由其他人员代签，监理日志、日记是否造假；是否安排专人负责信息档案管理，制定收发文管理办法		
	是否与被监单位存在利害关系，是否存在与施工单位串通降低工程质量情况，是否对历次检查问题及时落实整改		
监理单位现场责任人（签字）：			
项目法人现场责任人（签字）：			
质量监督机构检查意见： 质量监督人员（签字）：		质量监督机构（盖章） 年 月 日	

表 J. 9　　　　　　　　　　　　施工单位质量保证体系运行检查表

工程名称		施工单位	
检查项目	检 查 内 容	检 查 情 况	
机构人员 管理	主要管理人员出勤情况（对照合同文件、考勤表、会议记录等，检查工程项目主要管理人员到位情况，持证上岗情况）		
制度执行 情况	质量管理制度落实情况（质量检验、质量事故报告、技术交底、施工组织方案审批等制度）		
	质量岗位责任制的落实情况（检查质量管理岗位人员履职情况）		
	技术标准、强制性标准贯彻执行情况		
	原材料、半成品、构配件、设备的进场检验及报验情况（原材料的合格证和进场检验记录资料；最大干密度取值是否具代表性；橡胶支座、止水带、土工材料等各类中间产品检验情况；金结、机电设备检查验收情况），现场存放管理情况		
	工序、单元工程检验、自评和报验情况（检查质检员持证情况、查验工程质量评定资料）		
	重要隐蔽（关键部位）单元工程联合检查验收情况		
管理措施 落实情况	按设计图纸施工情况（对照施工图及工程隐蔽验收资料检查工程实体，是否按合同进行地质复勘及料场复勘；是否存在无图施工现象）		
	关键施工参数由实验室或工艺试验确定情况（主要抽查混凝土配合比、土方碾压试验、灌浆试验等关键部位施工工艺参数等，相关参数是否经监理审核）		
	对涉及结构安全的试块、试件及材料的取样送检情况（检查检测制度执行情况，检查检测单位是否具备有效资质；抽查涉及结构安全的试块、试件、材料取样数量及检测结论）		
	施工期观测资料的收集、整理和分析情况		
	专项施工方案及自检方案执行情况		
检查中发现 的其他情况	质量缺陷及质量事故处理情况，施工环境、文明施工、材料标识及堆放等是否规范，历次检查问题整改情况等		
施工单位现场责任人（签字）：			
项目法人现场责任人（签字）：			
质量监督机构检查意见： 　　　　　　　　　　　　质量监督人员（签字）： 　　　　　　　　　　　　　　　年　　月　　日			

表 J.10　　　　　　　　　质量检测单位质量保证体系运行检查表

工程名称		检测单位	
检查项目	检 查 内 容	检 查 情 况	
机构人员	检测人员、项目负责人履职及变更情况是否符合规定		
管理制度执行	是否在资质等级许可的范围内承担检测业务		
	是否存在转包、违规分包检测业务（查验从业人员与委托单位劳动人事关系）		
	工地实验室设立情况，施工计量器具检定或率定情况，试验员持证上岗情况		
	有关检测标准和规定执行情况		
	检测单位和相关检测人员在检测报告上签字印章情况		
	及时提交检测报告（核查报告与施工进度的时效性）		
	及时报告影响工程安全及正常运行的检测结果（建立检测台账）		
	建立检测结果不合格项目台账（核对检测报告和台账）		
检查中发现的其他情况	是否存在伪造检测报告行为，是否及时报告检测发现的工程质量问题		
第三方检测单位现场责任人（签字）：			
项目法人现场责任人（签字）：			
质量监督机构检查意见： 质量监督人员（签字）： 　　　　　　　　年　　月　　日			

备注：监督机构可结合工程实际情况和质量监督工作需要，对以上表进行适当增加或调减。

附录 K 安全管理体系建立和运行检查表

表 K.1 项目法人安全管理体系建立检查表

工程名称		项目法人（建设单位）	
检查项目	检 查 内 容	检 查 情 况	
组织机构	设立安全生产管理小组，内设专职机构，明确相关职责		
	配备专职安全管理人员，并对从业人员进行安全生产教育培训		
安全管理制度	建立安全生产责任、管理制度，制定项目安全生产总体目标和年度目标，主要负责人审批，正式文下发		
	制定安全生产目标管理计划，报项目主管部门备案		
	逐级签订安全生产目标责任书		
	目标考核办法制定情况		
	费用管理、教育培训、安全事故隐患排查治理、应急管理、事故管理等制度建立情况及重大危险源辨识确认情况		
安全措施方案制定、备案及布置情况	是否对安全设施开展"三同时"工作，是否编制安全生产保证措施方案并备案；开工前，是否对措施方案进行布置，明确安全生产责任		
	招标中是否明确单列安全生产费用		
拆除工程或爆破工程	施工单位资质、施工方案备案情况		
度汛与应急管理	进入汛期前，是否编制度汛方案（超标准洪水预案）并报，是否建立汛期值班和检查制度，是否开展汛期水雨情预报信息通告及防汛度汛专项检查，是否制定安全生产事故应急救援预案，对其进行消防、应急等演练		
监督手续办理	是否办理监督手续、提供危险性较大的单性工程清单和安全生产管理措施		
检查中发现的其他情况	对其他参建单位安全生产管理体系检查情况		
	其他问题		
项目法人现场责任人（签字）：			
监督机构检查意见： 监督人员（签字）： 年 月 日			

表 K. 2　　　　　勘察、设计单位现场服务安全体系建立及运行检查表

工程名称		勘察、设计单位	
检查项目	检 查 内 容	检 查 情 况	
组织机构	大中型工程是否设立现场设代机构，设立安全生产管理机构或配备专职人员		
	是否对从业人员进行安全生产教育和培训		
管理制度	是否制定项目安全生产总体目标和年度目标		
	教育培训制度、安全生产责任制度（责任书签订）、安全生产检查制度等制度建立与落实情况		
设计安全服务	是否在设计报告中设置安全专篇，按强制性条文开展工作		
	是否按规定在设计文件标明施工安全的重点部位、环节，或针对预防安全事故提出意见建议		
	是否落实初步设计中安全专篇内容和初步设计审查通过的安全专篇审查意见		
	是否对工程外部环境、工程地质、水文条件对工程施工安全可能构成的影响、工程施工对当地环境安全可能构成的影响，以及工程主体结构和关键部位的施工安全注意事项等进行设计交底		
	是否对较大安全风险的设计变更提出安全风险评价		
	是否确定度汛标准和度汛要求		
	编制工程概算时，是否按规定计列建设工程安全作业环境及安全施工措施所列费用		
	是否按规定参与生产安全事故分析		
	是否对较大安全风险的设计变更提出安全风险评价		
检查中发现的其他情况			
勘察、设计单位现场责任人（签字）：			
项目法人现场责任人（签字）：			
质量监督机构检查意见： 　　　　　　　　　　质量监督人员（签字）： 　　　　　　　　　　　　　　　年　　月　　日			

表 K.3 监理单位安全控制体系建立检查表

工程名称		监理单位	
检查项目	检 查 内 容	检 查 情 况	
安全机构	是否建立安全生产管理机构或配备安全监理人员		
安全管理制度	是否编制安全生产规章制度（安全生产费用、措施、方案审查、教育培训、例会、验收等制度）并报项目法人备案		
安全管理制度	是否建立安全生产责任制，签订安全生产责任制		
安全管理制度	是否变质危险性较大单项工程监理实施细则		
对施工单位安全监理	审查施工单位报送方案的技术措施是否符合工程建设强制性标准		
对施工单位安全监理	是否对安全技术措施、专项施工方案按规定审查；是否参与安全防护设施设备、危险性较大单项工程验收		
对施工单位安全监理	是否审查施工单位安全生产许可证、三类人员及特种设备作业人员资格证书有效性；对施工单位安全体系建立运行情况的审查；是否按规定开展各类安全生产检查		
检查中发现的其他情况	是否及时指出工程中存在的明显安全隐患，并要求施工单位完成整改		
监理单位现场责任人（签字）：			
项目法人现场责任人（签字）：			
质量监督机构检查意见：			

质量监督人员（签字）：

年　　月　　日

113

表 K.4   施工单位安全保证体系建立检查表

工程名称		施工单位	
检查项目	检 查 内 容	检 查 情 况	
组织机构	安全生产许可证		
	是否设立安全生产管理小组，内设专职安全机构明确管理职责		
	是否配备专职安全管理人员，"三类人员"安全生产考核合格证是否准确有效		
安全生产目标管理	是否建立或落实安全生产管理制度、制定项目安全生产总体目标和年度目标，首付按规定进行目标完成情况考核奖惩		
	是否制定安全生产目标管理及计划，报监理审核、项目法人备案		
	是否逐级签订安全生产目标责任书		
	目标考核管理办法制定情况		
	施工前是否组织安全技术交底（项目技术人员向施工作业班组交底、施工作业班组向作业人员交底），签字手续是否齐全		
专项施工方案	危险性较大单项工程有无专项施工方案		
	超过一定规模的危险性较大单项工程专项施工方案是否经外部专家论证		
度汛措施及应急预案	是否制定防汛度汛及抢险措施		
	是否制定安全事故应急综合、专项及现场处置方案		
	是否按规定配备应急救援、消防、度汛、联络通信等器材设备		
	是否进行生产安全事故应急救援、防汛应急、消防等演练		
检查中发现的其他情况	费用管理、安全技术措施审查；教育培训；安全事故隐患排查治理；安全防护设施、生产设施设备、危险性较大单项工程、重大事故隐患治理验收、安全例会、档案管理、应急管理、事故报告管理等各项制度建立情况		
施工单位现场责任人（签字）：			
项目法人现场责任人（签字）：			

质量监督机构检查意见：
 	
                质量监督人员（签字）：
 	
                              年 月 日			

表 K.5　　　　　　　　　　　　项目法人安全管理体系运行检查表

工程名称		项目法人（建设）	
检查项目	检 查 内 容	检 查 情 况	
组织机构及人员	人员变化及调整情况是否符合相关规定，满足工程建设需要		
管理制度执行	安全生产费用是否专款专用，是否减、挪用；是否按合同约定支付安全生产管理措施费用；是否对施工单位安全生产费用使用情况进行监督		
	是否按期召开例会、安全生产专题会议，会议纪要是否完整，会议内容是否落实（是否参与安全防护设施设备、危险性较大单项工程验收；是否参与工程重点部位、关键环节安全技术交底）		
	是否每月组织开展一次安全生产综合检查		
	检查发现的问题隐患是否整改闭环		
对安全生产资格审核	是否按规定发包拆除、爆破等专业工程		
	是否对分包单位安全生产许可证进行审查		
	是否对"三类人员"安全生产考核合格证审核		
	是否对相关证件的有效性进行核查		
重大危险源辨识及治理情况	重大危险源辨识、审核、确定危险等级情况；或根据情况组织专家或委托评估机构对重大危险源进行评估，形成评估报告；隐患治理"五落实"。是否对重大危险源防控措施进行验收		
安全生产措施落实情况	是否按规定对安全生产措施进行布置，是否明确参建各方的安全生产责任。接到监理单位等相关单位未按专项施工方案实施报告后，是否责令有关单位立即停工整改		
安全评估	根据施工现状，是否开展工程现状安全评估		
安全事故处理	是否及时上报，并启动相关应急响应		
检查中发现其他问题	是否向施工单位提供施工现场及相应区域内地下管线、气象及水文观测资料		
项目法人现场责任人（签字）：			
质量监督机构检查意见：			
质量监督人员（签字）：　　　　年　月　日			

表 K.6　　　　　　　　**监理单位安全控制体系运行检查表**

工程名称		监理机构	
检查项目	检　查　内　容	检　查　情　况	
管理制度执行	安全生产例会召开情况、是否做记录、检查会议措施落实情况		
	安全生产责任人职责和权利、义务是否明确，检查制度是否制定		
	是否参加超过一定规模的危险性较大的单项工程专项施工方案审查论证会		
	是否定期和不定期巡视检查施工过程危险性较大的施工作业、安全用电、消防措施、危险品管理和场内交通管理等情况；是否核查施工现场起重机械、整体提升脚手架和模板等设施和安全设施验收手续；是否检查施工现场是否符合工程建设标准强制性条文情况；发现的生产安全事故隐患是否按规定要求整改，情况严重时暂停施工		
	生产安全事故报告、处理措施检查情况		
	是否组织、参与安全防护设施设备、危险性较大单项工程验收；是否组织对重大危险源防控措施验收		
	是否按规定审核拨付安全生产费用，是否按规定监督施工单位安全生产费用使用情况		
安全监理专项实施细则执行	是否对爆破、拆除等专项工程实施旁站监理		
	是否对重大危险源辨识进行审核、是否落实监控方案		
检查中发现其他问题	对施工单位安全保证体系建立运行及安全措施落实情况的检查		
监理单位现场责任人（签字）：			
项目法人现场责任人（签字）：			
质量监督机构检查意见：			
质量监督人员（签字）：　　　　　　　　　　　　　　　　质量监督机构（盖章） 　　　　　　　　　　　　　　　　　　　　　　　　　　年　　月　　日			

表 K.7 施工单位安全保证体系运行检查表

工程名称		施工单位	
检查项目	检 查 内 容	检 查 情 况	
机构设置及人员配备	安全管理人员变更及到位情况是否符合规定并满足工程建设需要		
	特种作业人员是否持有效资格证件上岗		
安全生产责任制	相关人员职责和权利义务是否明确、单位与现场管理机构责任是否明确（查阅责任制度及签订的安全责任书）		
	分包单位安全生产责任制（包括总包与分包签订的安全生产协议）		
安全生产制度落实	培训制度是否明确、有效实施（所有员工每年至少培训一次、新进入工地或换岗培训、四新培训），培训经费是否落实，档案是否齐全		
	安全生产例会制度是否明确、执行有效、记录完整		
	定期安全生产检查制度是否明确、执行有效、整改闭环、记录完整		
	安全生产规章和安全生产操作规程是否明确、执行有效		
安全生产措施落实	是否按安全生产费用使用投入，建立安全生产费用使用台账，规范费用计取管理，满足工程建设需要		
	是否定期演练评估安全生产应急预案，并配备应急设备器材		
	是否定期排查事故隐患，及时上报并整治事故隐患		
	明确分包单位安全生产权利义务，及时有效开展安全管理		
	专项防护措施是否落实		
	安全防护用具、机械设备、机具等进场查验是否齐全规范，资料档案是否齐全，是否定期检查维修养护，处于有效状态		
	特种设备（施工起重设备、整体提升脚手架、自升式模板、其他特种设备）验收情况，设备验收合格证悬挂放置，是否有合格证或安全检验合格标志，维修、保养、定期检测制度落实情况		
	是否明确危险作业部位、为危险作业人员办理意外伤害险		
	建立防火安全责任制，明确消防责任人，制定消防制度、消防操作规程，明确重点防火部位及时开展消防宣传和消防检查，消除火灾隐患，定期组织演练，配备有效消防设施设备		
	工程度汛措施落实情况，组织开展防汛抢险演练及防汛物资储备等情况		

续表

工程名称		施工单位	
检查项目	检 查 内 容	检 查 情 况	
现场安全管理	施工现场是否明确区分宿舍区、材料堆放区、材料加工区和施工现场；建筑材料、构件、料具是否按总平面布局堆放；料堆是否挂标识牌（名称、品种、规格等）；堆放是否符合规范要求；易燃易爆物品是否分类存放		
	塔吊、拆除等危险作业是否有专门人员现场安全管理		
	现场各分区之间、用电设施与易燃易爆物品之间距离是否符合规范要求		
	脚手架是否按规范设置，横杆、竖杆布设，剪刀撑、扫地杆设置，杆件连接及上下通道、防护网、搭板等设置是否符合规范要求，脚手架验收记录是否齐全，是否悬挂验收合格证		
	深度超2m基坑是否有临边防护设施，是否按规范设置（横杆、踢脚板等），人员上下通道是否规范设置		
	临时用电是否按方案落实管理措施，配电箱开关箱是否符合三级配电两级保护，采取TN-S系统，安全接地，落实防尘防雨措施，并定期检查；设备专用箱是否"一机、一闸、一漏、一箱"，是否存在一机闸多机；配电线路是否按规范架空或埋地布设，线路无老化破皮；电工作业应持证上岗，做好防护		
	塔吊应有力矩限制器、限位器、保险装置及附墙装置与夹轨钳，按安装拆除方案进行拆除安装，安装完毕有完整验收资料，设备运行维修保养记录完整，起重吊装作业应设置警戒标志		
	洞口、临边应有防护措施，高出外立面屋外脚手架应挂安全网，高耸建筑物应设置避雷设施		
	工地现场应佩戴安全帽，高处作业使用安全带，电气作业穿戴防护绝缘用品		
	在危险性较大生产场所和设施设备上应按规定要求，设置明显的安全警示标志；施工现场设置必要的围栏围挡，有条件的设置大门门卫，确保非施工人员不进入现场		
检查中发现的其他情况	及时报送安全生产事故、接受安全监督情况		
施工单位现场责任人（签字）：			
项目法人现场责任人（签字）：			
质量监督机构检查意见： 　　　　　　　　　　　　质量监督人员（签字）： 　　　　　　　　　　　　　　　　　　　　　　年　　月　　日			

附录L 质量缺陷备案

附录L.1 施工质量缺陷备案表

施工质量缺陷备案表（样式）

编号：

_____工程施工质量缺陷备案表

质量缺陷所在单位工程名称及部位：

缺陷类别：（一般、较重、严重）

日　　期：　　年　　月　　日

续表

1. 施工质量缺陷产生的部位（主要说明具体部位、缺陷描述并附示意图）：

2. 质量缺陷产生的主要原因：

3. 对工程的安全、使用功能和运用影响分析：

续表

4. 处理方案，或不处理的原因分析：

5. 保留意见（保留意见应说明主要理由，或采用其他方案及主要理由）：

保留意见人（签字）：
（或保留意见单位及责任人，盖公章，签字）

6. 参建单位和主要人员

（1）施工单位：　　　　　　　　　　（盖章）

质检部门负责人：　　　　　　　　　　（签字）

技术负责人：　　　　　　　　　　　　（签字）

（2）设计单位现场服务机构：　　　　（盖章）

设计代表：　　　　　　　　　　　　　（签字）

（3）监理机构：　　　　　　　　　　（盖章）

监理工程师：　　　　　　　　　　　　（签字）

总监理工程师：　　　　　　　　　　　（签字）

（4）项目法人（建设单位）：　　　　（盖章）

现场代表：　　　　　　　　　　　　　（签字）

技术负责人：　　　　　　　　　　　　（签字）

质量监督机构备案意见	备案人： 质量监督机构（盖章） 年　　月　　日

填表说明： 本表一式四份，表后附施工质量缺陷验收签证表等备案相应资料，质量监督机构备案后留存一份，其余返还项目法人，如发现问题，将通知项目法人重新组织研究处理并重新办理备案登记手续。

附件：

施工质量缺陷验收签证表

合同名称：　　　　　　　　　　　　　　合同编号：

承包人：

单位工程名称			分部工程名称	
单元工程名称			单元工程编码	
构件名称				
质量缺陷检查、检测情况	施工单位自查	（是否影响工程的安全、功能和运用） 终检人员：		
	监理单位复查	 监理工程师：		
	委托检测单位检测情况			
验收结论				
保留意见		 签字：		
备查资料清单	（1）测量成果　□ （2）检测试验报告（岩芯试验、软基承载力试验、结构强度等）□ （3）影像资料　□ （4）其他（　　　　　　　　　　　　　　　）　□			
参加验收单位		单位名称	职务、职称	签字
	项目法人			
	监理机构			
	设计单位			
	施工单位			
	检测单位			

注　备查资料清单中凡涉及的项目应在"□"内打"√"，如有其他资料应在括号内注明资料的名称。

附录 L.2　质量缺陷备案台账

工程项目名称：

序号	单位工程	分部工程	缺陷类别	缺陷处理情况	缺陷处理评定验收时间	备案时间	备注

单位（盖章）　　　　　　　　　　　　　　　　　　填写人：

附录 M 工程质量核备

附录 M.1 重要隐蔽（关键部位）单元工程质量备案表

报送日期：　　年　　月　　日

工程名称				
单位工程名称				
分部工程名称				
序号	类别	单元工程编码 名称（部位）	开工、完工时间	联合签证质量等级
1	（重要隐蔽、 关键部位）			
2				
3				
4				
备查资料清单	（1）重要隐蔽（关键部位）单元工程质量等级签证表及备查资料　□ （2）单元工程（工序）质量验收评定表及质量检验资料　□ （3）地质编录、测量成果、检测试验报告（岩芯试验、软基承载力试验、结构强度等）　□ （4）其他资料（监理旁站资料、质量缺陷备案资料等）　□			
项目法人 认定意见	认定人：　　　　　　负责人：　　　　　　　　（盖章） 　　　　　　　　　　　　　　　　　年　　月　　日			
质量监督机构 备案意见	（质量资料规范齐全、评定验收程序合规。同意核备） 备案人：　　　　　　负责人：　　　　　　　　（盖章） 　　　　　　　　　　　　　　　　　年　　月　　日			

注 本表一式四份，表后附单元工程质量备案相应资料，质量监督机构备案后留存一份，其余返还项目法人，如发现问题，将通知项目法人重新组织复核。多个重要隐蔽（关键部位）单元工程可一并报送。

附录 M.2　分部工程施工质量结论核备备查资料清单

工程名称	
分部工程名称	
设计单位	
监理单位	
施工单位	
验收日期	

序号	资　料　名　称	备　注
1	分部工程质量检测资料	
2	验收申请报告	
3	单元工程质量评定汇总表	
4	单元工程质量评定资料	
5	原材料、中间产品、混凝土（砂浆）试件等检验与评定资料	
6	金属结构、启闭机、机电产品等检验及运行试验记录资料	
7	监理抽查资料	
8	设计变更资料	
9	质量缺陷备案表	
10	质量事故资料	
11	其他	

项目法人：　　　　　　　　　　　　　　　　　　时间：

附录 M.3　单位工程施工质量结论核备备查资料清单

工程名称	
设计单位	
监理单位	
施工单位	
验收日期	

序号	资　料　目　录	备　注
1	单位工程施工质量检验与评定资料核查	
2	单位工程完工质量检测资料	
3	单位工程外观质量评定表	
4	工程施工期及试运行期观测资料及分析	
5	竣工图	
6	质量缺陷备案资料	
7	质量事故处理情况资料	
8	分部工程遗留问题已处理情况及验收情况	
9	未完工程清单、未完工程的建设安排	
10	验收申请报告	
11	工程建设管理工作报告	
12	工程建设监理工作报告	
13	工程设计工作报告	
14	工程施工管理工作报告	
15	其他	

项目法人：　　　　　　　　　　　　　　　时间：

附录 N 对所列席的法人验收质量监督意见

根据《水利水电建设工程验收规程》（SL 223—2008），我单位派员列席了你方组织的工程单位（分部等）工程验收会，对其工程验收提出以下监督意见：

不同意验收情况：经检查，本次工程（分部或单位）工程验收，验收条件不具备（3.0.4 或 4.0.5）的条件；验收内容不满足（3.0.5 或 4.0.6）的要求；验收程序未按照（3.0.6 或 4.0.7）进行；抽查的（单元或分部工程名称）等____个（不低于10%的单元或分部工程）验收资料不齐全；历次监督检查发现的问题未全部整改到位；验收质量结论不明确。请验收主持单位予以纠正（暂停验收、重新验收）。

同意验收需要问题整改情况：经检查，本次验收条件基本具备，验收人员组成基本符合要求，验收程序规范有序，工程资料基本齐全，验收结论明确，但现场还存在以下问题：

1.……；2.……；3.……

请及时整改处理，工程验收后 10 日内及时对工程质量验收结论进行核备。

同意验收情况：经检查，本次验收条件基本具备，验收人员组成基本符合要求，验收程序规范有序，工程资料基本齐全，验收结论明确，工程验收通过后 10 日内及时对工程质量验收结论进行核备。

列席人员：

×××××质量与安全监督项目站

×××

水利工程建设质量与安全监督机构（盖章）

年　　月　　日

128

附录O 质量监督报告

_____工程_____验收

工程质量安全监督报告

编制单位：_____

二〇一九年十二月

_____工程____验收

工程质量安全监督报告

编制：_____（签字）

审定：_____（签字）

批准：_____（签字）

工程质量监督机构（盖章）

____年____月____日

1. 工程概况

1.1 工程简况

(1) 工程主要特性：包括工程名称、地点、规模、开工时间和工程建设内容，主要特性指标，预期经济效益与社会效益等。

(2) 工程总布置和主要建筑物：工程总布置和主要建筑物及其设计标准等。

(3) 本次阶段验收范围（阶段验收编写）：阶段验收工程验收范围，验收内容等。

1.2 工程建设情况

(1) 工程设计审批过程：简述工程设计、重大设计变更等批复情况。

(2) 主要参建单位：简述项目法人等各参建单位名称以及承担标段划分情况。

(3) 工程设计变更：简述工程一般和重大设计变更内容。

2. 质量安全监督工作基本情况

2.1 监督机构设置

监督书的签订情况，监督人员配备及分工情况。

2.2 监督主要依据

(1) 国家法律、法规、规章及规范性文件有关规定。

(2) 国家及行业现行技术标准。

(3) 批准的工程设计文件及合同等。

2.3 工作方式和内容

水利工程建设质量安全监督工作包括行为监督和实体监督，以行为监督为主，实体质量以第三方质量检测数据为主要依据，检查方式以抽查为主。包括：抽查工程现场及质量安全体系、行为资料，听取各参建单位的质量安全控制情况汇报，对工程原材料、中间产品、构配件及工程实体质量进行监督抽样检测，对存在的质量安全体系、行为及实体问题提出监督检查意见，并督促项目法人落实整改。

工程开工以来，监督站共开展了_____次监督检查活动，共形成监督检查意见_____份，问题_____条，其中项目法人_____条，监理单位_____条，设计单位_____，检测单位_____条，施工单位_____条。项目法人均已将整改落实情况书面反馈我中心，已完成问题整改_____条，未整改问题_____条，为：_____。

监督期间，监督站参加了_____次阶段验收等政府验收，并出具了阶段验收工程质量安全监督报告；列席了＿＿＿＿次单位工程验收、竣工验收自查等法人验收，并核备了重要隐蔽（关键部位）单元工程、分部工程、单位工程、工程项目等质量结论。监督站主要开展工作如下：

（1）办理了监督手续，制订了监督计划，进行了质量安全监督工作交底。

（2）确认了工程项目划分及枢纽工程中"水工建筑物外观质量评定表"所列各项目的质量标准。

（3）核备了主体工程质量与安全有重要影响的临时工程质量检验及评定标准、规范未列出的外观质量评定项目质量标准及标准分、《单元工程评定标准》尚未涉及的项目质量评定标准及评定表格。

（4）核备了质量检测方案、质量检测报告、工程质量缺陷等工程资料。

（5）核备了重要隐蔽（关键部位）单元工程质量等级、分部工程质量等级、单位工程外观质量评定结论、单位工程质量等级和工程项目质量等级。

（6）备案了保证安全生产措施方案、重大事故隐患治理方案、拆除工程或爆破工程施工相关材料、隐患排查整理统计分析情况、重大事故隐患治理情况验证和效果评估、重大危险源辨识和安全评估结果、安全生产事故应急救援预案、专项应急预案等。

（7）复核了设计、监理、施工、检测等单位的资质等级及其相关人员持证上岗情况。

（8）检查了项目法人的质量安全管理体系、监理单位的质量控安全制体系、施工单位的质量安全保证体系、设计单位质量安全服务体系及设计单位质量服务体系的建立及运行情况。

（9）抽查了各参建单位执行质量安全相关法规、技术规程、规范、标准的情况。

（10）抽查了施工单位、监理单位及项目法人原材料、中间产品的检验与检测资料，单元工程质量检验与评定资料，重要隐蔽（关键部位）单元工程质量等级联合验收资料等。

3. 参建单位质量安全管理体系

3.1　参建单位质量安全管理体系建立情况

质量安全管理体系包括机构、人员、制度等，按各参建单位分别编写。

3.2　参建单位质量安全管理体系检查情况

对各参建单位质量安全管理体系运行的监督检查情况。

4. 工程项目划分确认

项目法人和委托建管单位（代建单位）组织设计、监理、施工单位制定了项目划分方案，上报了项目划分表和项目划分说明。监督站根据《水利水电建设工程验收规程》（SL 223—2008）和《水利水电工程施工质量检验与评定规程》（SL 176—2007）等有关规定，结合工程实际，分别以"〔　〕号"文件对项目划分进行了确认，本工程共划分为＿＿＿个单位工程、＿＿＿个分部工程，其中主要单位工程＿＿＿个、主要分部工程＿＿＿个。本次＿＿＿＿＿＿＿＿＿阶段验收共涉及＿＿＿＿个单位工程，＿＿＿＿＿＿个分部工程。（阶段验收编写）

5. 工程质量检测

5.1　施工单位自检和监理单位平行检测情况

简述检测情况及结果。

简述项目法人委托的第三方检测单位的检测情况及结果。

5.2　第三方检测单位检测情况

简述项目法人委托的第三方检测单位的检测情况及结果。

5.3　监督检测情况

监督机构开展的质量监督检测情况，包括历次抽检项目、数量及结论等。

6. 工程质量核备

6.1　施工质量核备

对重要隐蔽（关键部位）单元工程、分部工程、单位工程、工程项目施工质量核备情况。

6.2　安全资料核备

对安全生产措施方案、重大事故隐患治理方案等资料的核备情况。

7. 工程质量安全事故和质量缺陷处理

工程质量与安全事故处理情况，质量缺陷处理结果及核备情况。

8. 工程项目质量与安全结论意见

8.1　安全生产评价意见

各参建单位按照国家有关安全法律法规和行业安全生产要求，认真履行相应安全生产职责，安全生产管理机构健全；安全生产规章制度齐全；安全生产责任制落实；安全技术措施同步编制；安全技术交底及安全生产检查到位；特种作业持证上岗；操作人员熟悉安全操作规程；文明施工措施明确并落实到位，工程未发生安全事故。

8.2　工程质量结论意见

（阶段验收意见）本次阶段验收所涉及的单元工程质量等级经施工单位自评、监理单位复核均达到合格及以上，重要隐蔽单元工程质量结论均已核备；原材料及混凝土试件质量合格；工程施工中未发生过质量事故；施工质量检验与评定资料基本齐全。已完工程施工质量基本满足本次阶段验收要求。

（竣工技术预验收意见）本工程已按初步设计批复的工程建设内容全部完成。工程设计符合规范要求，施工质量满足设计要求，工程形象面貌满足工程竣工验收要求，分部工程验收、单位工程验收和蓄水阶段验收已完成，环境保护、水土保持、库底清理和工程档案专项验收已完成。蓄水安全鉴定及验收遗留主要问题已得到落实和处理，主体工程投入运行以来，各建筑物运行正常。工程具备竣工技术预验收条件。

（竣工验收意见）工程建设已按批准的设计文件全部完成。在工程建设施工过程中，建设（代建）、设计、监理、施工、检测等单位建立健全了质量管理体系，质量管理体系运行基本有效。设计、监理、施工和检测等单位资质符合要求，各参建单位质量行为符合要求，工程质量总体处于受控状态。

对施工过程中所用原材料、中间产品已按相关规范和设计要求进行了检验；金属结构、启闭机及其配套设备、发电机组设备进场后进行了联合验收。与工程质量有关的施工记录、检验与评定资料基本齐全。单元工程、分部工程的质量结论已经履行了施工单位自评、监理单位复核、建设单位认定的程序，符合质量评定相关规定。单元工程施工质量检验资料齐全；隐蔽工程、分部工程、单位工程等验收手续比较完备，没有发生质量事故，有关质量缺陷经补强处理，不影响工程安全和使用功能，并已进行备案。

根据建设单位提供的单元工程、分部工程和单位工程等质量评定验收资料，经监督机构抽查并对现场施工质量控制情况检查，＿＿＿个单位工程施工质量全部合格，其中＿＿＿个单位工程优良，优良率为＿＿＿，工程施工质量达到＿＿＿标准。

依据《水利水电建设工程验收规程》（SL 223—2008）的规定，工程总体施工质量满足设计和现行规范的要求，具备验收条件，请验收委员会鉴定。

9. 附件

9.1　有关该工程项目质量安全监督人员情况表

9.2　工程建设过程中质量安全监督意见汇总

备注：以上内容格式仅供参考，各质量监督机构可根据工程建设情况制订有关工程质量监督报告，要做到：①重点突出，质量主题明确；②文字简明扼要，通俗易懂，切忌错别字；③条理清楚，语言准确，观点鲜明；④科技名词和术语应采用通用规范，名称要统一；⑤应采用法定计量单位，不能使用已废止的计量单位；⑥数字修约应规范。合格率和优良率可以只保留一位小数，其他数字的取舍应符合有关规定。

附录 P　质量安全监督档案归档范围及保管期限

附录 P.1　水行政主管部门监督工作档案归档范围及保管期限表

序号	归档范围	保管期限
1	质量与安全监督工作管理制度	30 年
2	质量与安全监督管理办法（适用于专项检查）	30 年
3	监督机构设置与监督人员配备	永久
4	监督人员岗位职责及人员分工	永久
5	质量监督年度工作要点（水利部备案）	30 年
6	质量监督项目台账（水利部备案）	30 年
7	监督工作经费年度预算	10 年
8	质量监督工作年度总结报告（水利部备案）	30 年
9	监督工作业务培训和指导	10 年
10	监督工作简报、会议纪要、工作影像资料等	10 年
11	在建项目质量与安全检查与质量检测	30 年
12	监督检查发现的问题清单及整改落实情况报告	30 年
13	质量监督工作履职巡查 （年度工作方案、巡查通知、巡查工作报告、整改通知、整改报告、整改台账）	30 年
14	水利稽察 （年度工作方案、稽察通知、稽察工作报告、整改通知、整改报告、整改台账）	30 年
15	巡查监督现场监督检查 （年度工作方案、检查通知、检查工作报告、整改通知、整改报告、整改台账）	30 年
16	实体质量检测 （年度工作方案、招投标文件、合同文件、检查通知、检查工作报告、整改通知、整改报告、整改台账、验收报告、验收意见）	30 年
17	上级监督检查及整改落实情况资料	30 年
18	质量监督管理信息化建设	10 年
19	工作创新、工作亮点与信息发布	10 年
20	年度获奖情况	10 年
21	质量举报投诉	永久
22	市（县、区）水利主管部门上报水利厅备案的监督资料	10 年

附录 P. 2　建设项目监督工作档案归档范围及保管期限表

序号	归 档 范 围	保管期限
1	办理质量与安全监督手续	
1.1	水利工程建设质量监督书	永久
1.2	水利工程建设安全监督备案表	永久
1.3	水利工程建设质量监督申请书	永久
1.4	工程项目建设审批文件（主要包括初步设计批复等文件）	30 年
1.5	项目法人批复成立文件，现场管理机构设立文件	30 年
1.6	项目法人（或建设单位）与监理、设计、施工单位签订的合同（或协议）副本	30 年
1.7	建设、监理、设计、施工等单位的基本情况和工程质量管理组织情况等资料（填写《水利工程建设质量监督与安全生产监督备案登记表》）	30 年
1.8	水利工程参建单位项目负责人的授权书、任命文件及工程质量终身责任承诺书	永久
1.9	危险性较大的单项工程清单和安全生产管理措施	30 年
2	质量与安全监督工作计划	
2.1	质量与安全监督工作计划（总计划、年度计划）	永久
2.2	质量与安全监督工作交底记录	永久
3	工程项目划分上报及确认文件	
3.1	工程项目划分确认申请、项目划分表及说明	永久
3.2	工程项目划分确认文件	永久
3.3	工程项目划分调整确认申请、项目划分表及说明	永久
3.4	工程项目划分调整确认文件	永久
3.5	单元工程划分结果备案表、划分表及说明	永久
3.6	单元工程划分结果调整备案表、划分表及说明	永久
4	工程质量评定标准上报及确认/核备文件	
4.1	枢纽工程水工建筑物外观质量评定标准及确认申请	永久
4.2	枢纽工程水工建筑物外观质量评定标准确认文件	永久
4.3	规程中未列出的外观质量项目质量标准及标准分、核备申请	永久
4.4	规程中未列出的外观质量项目质量标准及标准分核备文件	永久
4.5	临时工程质量检验及评定标准及核备申请	永久
4.6	临时工程质量检验及评定标准核备文件	永久
4.7	《单元工程评定标准》中尚未涉及的项目质量评定标准及批准申请	永久
4.8	《单元工程评定标准》中尚未涉及的项目质量评定标准批准文件	永久
5	各类备案资料	
5.1	水利工程建设项目质量检测方案及备案表	永久

续表

序号	归　档　范　围	保管期限
5.2	竣工验收工程质量抽样检测方案及审核表	永久
5.3	水利工程施工质量缺陷备案资料及备案表	永久
5.4	蓄水安全鉴定专家组成立文件及核备表	永久
5.5	保证安全生产的措施方案及备案表	永久
5.6	拆除工程或者爆破工程资料及备案表	永久
5.7	项目生产安全事故应急救援预案、专项应急预案及备案表	永久
5.8	重大事故隐患治理方案、排查报告表及备案表	永久
5.9	重大事故隐患治理验收和效果评估资料及备案表	永久
5.10	重大危险源辨识和安全评估资料及备案表	永久
6	检查文件资料	
6.1	检查通知、检查工作方案、问题记录表、检查整改通知、整改报告等	永久
6.2	参建单位现场机构组建文件、单位资质、主要人员资质证书（复印件）及复核记录	30 年
6.3	参建单位质量与安全管理体系核查记录	30 年
6.4	参建质量与安全管理体系运行情况检查记录	30 年
6.5	质量与安全监督过程中形成的图片、影像等资料	永久
6.6	质量监督抽检工作方案、抽检报告及整改报告	永久
7	验收及质量核备文件材料	
7.1	重要隐蔽（关键部位）单元工程验收签证、核备记录	永久
7.2	分部工程施工质量评定表、验收鉴定书及质量结论核备记录	永久
7.3	单位工程及外观质量评定表、验收鉴定书及质量结论核备记录	永久
7.4	工程项目施工质量评定表、验收鉴定书及质量结论核备记录	永久
7.5	列席法人验收质量监督意见	
7.6	阶段验收工程质量与安全监督评价意见/质量与安全监督报告及验收鉴定书	永久
7.7	工程质量与安全监督报告	永久
7.8	竣工验收鉴定书	永久
8	质量问题处理	
8.1	质量举报、投诉受理与处理记录	永久
8.2	质量与安全事故报告、质量事故调查报告、质量事故处理方案、质量事故处理结果等文件	永久
9	其他文件材料	
9.1	专家咨询、审查等文件	永久
9.2	收文登记簿、发文登记簿	30 年
9.3	档案移交清册、销毁清册	永久